요리하는 한의사의 요요 없는 25kg 감량 레시피

# 다이어트 도마의

Cutting Board Diet

# 맛보장
# 칼로리컷
# 레시피

# 평생 다이어트,
# 맛있게 먹으면서 건강하게 빼야죠

초등학교 때부터 비만이었던 저는 한의대 입학 무렵 체중의 정점을 찍었습니다. 165cm인 키에 95kg이 넘어갔으니 말이죠. 그런 제 인생에서 다이어트가 시작된 것은, 예과 1학년 여름방학 선배들과 함께 떠난 자전거 여행부터였습니다. 1달 동안 매일 10시간씩 자전거를 타다 보니 자연스럽게 15kg이 빠졌고, 체중이 줄어들자 사람들이 저를 대하는 태도 또한 달라졌습니다. 난생처음으로 외향적으로 보인다는 평가도 듣게 되었죠. 1학년 겨울방학, 친구들과의 연락도 끊고 혼자 기숙사에 남아서 본격적으로 다이어트에 돌입했습니다. 하루 4~6시간의 유산소 운동, 저녁 금식을 하며 15kg 이상을 감량했습니다.

저에게 다이어트는 곧 '운동'이었습니다. 학기 중에도 시간만 나면 헬스장에서 러닝머신을 뛰었고, 방학 중엔 더 많은 시간을 운동에 할애했습니다. 심할 때는 매일 10시간씩 운동하기도 했었죠. '다이어트Diet'의 뜻이 '식이(食餌)'인지도 모를 정도로 다이어트에 대한 기초적인 지식도 없었고, 체계적이지 않은 방법으로 무식하게 운동만 했습니다. 운동하는 건 건강에 좋고, 운동하지 않고 식단만으로 살을 빼는 건 건강하지 못한 방법이라는 일반적인 사회 통념만 믿고 말이죠.

그런데 소아비만이었던 체질 때문인지, 대학 졸업 후 잠시 운동을 중단하자 6년간 유지했던 체중이 금방 무너져버렸습니다. 저는 또다시 다이어트를 시작할 수밖에 없었습니다. 특별한 약속이 없다면 저녁을 먹지 않고 운동장을 1~2시간씩 뛰는 것을 반복했습니다. 그러다 한의원을 개원할 무렵 부상으로 무릎 연골이 찢어져 다시는 뛸 수 없는 상태가 되었습니다. 10년 넘게 체계적이지 못한 운동 방법으로 몸을 혹사했으니 당연한 일이었죠. 바쁘고 스트레스받는 일상에 운동도 할 수 없다 보니 순식간에 90kg에 가까워져 갔습니다. 무거워진 몸 때문에 매일 무릎과 허리가 아프고, 혈압과 콜레스테롤까지 높아졌습니다.

그제서야 저는 '다이어트'를 공부하기 시작했습니다. 운동과 체중 감량의 상관관계, 다양한 식이요법이 체중 감량과 건강에 미치는 영향, 다이어트에 대한 한의학적 처방과 그 원리 등을 수많은 자료를 찾아보며 공부했고 다이어트에 적용했습니다. 효과는 놀라웠습니다. 한약 복용과 식단 관리, 간헐적 단식을 병행하며 6개월 동안 다시 25kg을 감량한 것이죠. 10년 넘게 몸을 혹사하며 운동했던 시간이 아깝고 허탈할 지경이었습니다.

지금은 제 지식과 경험을 바탕으로 한의원에서 다이어트 프로그램을 운영하면서, 5년째 식단 관리를 통해 체중을 유지하고 있습니다. 처음에는 꾸준히 식단 관리를 하는 게 쉽지만은 않았습니다. 평생 샐러드만 먹으면서 살 수도 없는 노릇이고, 외식하거나 인스턴트 음식을 먹을 때도 있었으니까요. 그러다 우연히 식단 구성으로 고민하던 환자분에게 구체적인 식단 예시를 짜드리기 위해 다이어트 레시피를 찾아보게 되었습니다. 그런데 '다이어트 레시피'라는 이름을 단 레시피는 많았지만 대부분은 엉터리였습니다. 설탕은 그대로 쓰면서 면만 곤약면으로 바꾼 레시피, 설탕을 올리고당이나 매실청으로 바꾸곤 '다이어트'라고 말하는 레시피, 치즈·버터·고기를 마음껏 넣으면서 '저탄고지'라 괜찮다는 레시피, 고기 대신 두부를 밀가루에 묻

혀 기름에 튀긴 레시피, 스리라차 소스가 0kcal이라며 듬뿍 부어 넣는 레시피 등. 자극적인 타이틀과 재미난 구성, 탄수화물만 줄이면 치즈나 고기를 많이 먹어도 살이 빠진다는 달콤한 믿음을 가진 레시피들은 인기가 있을지는 몰라도 다이어트 지침이 될 수는 없습니다.

저는 성인이 된 후 평생을 다이어트와 씨름했습니다. 체중 감량으로 인한 희열과 요요현상으로 인한 자기혐오, 우울과 섭식장애 등 다이어터로서 겪을 수 있는 일들을 모두 겪었습니다. 다들 아시다시피 다이어트는 쉬운 과정이 아닙니다. 정확한 정보와 가이드라인을 따른다 해도 쉽지 않은 것이 현실입니다. 하지만 이 여정엔 잘못된 정보, 맹목적 믿음, 상술에 의한 현혹 등 '걸림돌'이 너무 많습니다. 저는 이런 걸림돌들을 보면 실망을 넘어 분노가 솟구치곤 합니다. 이런 이유로 직접 레시피를 개발하고 유튜브를 시작하게 되었습니다. 제대로 된 레시피를 소개해 놓으면, 환자들에게도 어떤 음식을 어떻게 먹으라고 일일이 가르쳐드릴 필요 없이 유튜브 채널만 소개하면 되니까요. 그렇게 탄생한 이 책의 레시피는 몇 가지 특징이 있습니다.

❶ 특이하고 예쁜 요리보다는 '매일 먹어도 지겹지 않고 맛있는 다이어트 요리'를 목표로, 구하기 쉬운 재료를 사용해 간단하게 만들 수 있도록 구성했습니다.

❷ 필요 이상으로 과량 섭취하게 되는 정제 탄수화물, 기름, 설탕의 양을 줄였습니다. 특별히 '저탄고지' 식단에 맞춰 재료를 구성한 것은 아니지만, 필수 영양소 중 단백질, 지방, 비타민, 무기질을 우선하여 낮은 칼로리로 구성하다 보니 자연스럽게 탄수화물의 양을 적게 구성하게 되었습니다.

❸ 한 끼 식사로 충분한 양의 요리들을 담았고, 요리 하나의 칼로리가 가급적 400kcal가 넘지 않도록 구성했습니다. 일반 성인남녀의 한 끼 평균이 800~1000kcal 정도이므로 1/2 수준이니 개인의 체중 감량 목표 또는 건강상태에 따라 적절히 식단을 구성하면 됩니다. (이 책에 수록된 요리들로만 하루 두 끼를 먹으면 800kcal 정도이므로 '초저열량 식이'에 부합하고, 하루 세 끼를 모두 챙겨 먹어도 1200kcal 정도이므로 일반적인 다이어트 하루 식단 칼로리와 비슷합니다.)

직접 개발한 이 레시피들을 통해 10시간 운동으로도 도달하지 못했던 인생 최저 몸무게를 달성했습니다. 여러분도 저와 함께 요리하는 즐거움, 먹는 즐거움이 있는 건강한 다이어트 생활을 하시길 소원합니다.

2021년 봄, 다이어트 도마_명형철

# [목차]

## 이론편
### 한의사가 들려주는 다이어트 이야기

[참고 문헌]

### 곤약면(실곤약)

이 책에서 가장 자주 등장하는 재료로, 주로 밥이나 밀가루면 대신 사용합니다. 토란의 일종인 구약감자로 만든 곤약은 쌀이나 밀가루에 비해 칼로리가 매우 낮고 당류가 없습니다. 원래 곤약은 특유의 냄새가 있어 식초를 넣은 물에 1~2분 정도 데치는 과정이 필요한데, 요즘 판매되는 대부분의 곤약면은 냄새가 거의 없어서 그냥 사용해도 괜찮습니다. 저는 이 책에서 '대신물산'의 '면곤약' 제품(100g당 7.7kcal)을 사용했습니다.

tip 요리에 따라 곤약면 대신 천사채를 당면화해서 사용해도 괜찮습니다. 천사채 1kg을 기준으로, 물 3L에 베이킹소다 4큰술을 넣은 뒤 끓입니다. 그다음 엉켜 있는 천사채를 손으로 살살 풀어준 뒤 끓인 물에 푹 잠기도록 넣고 불을 끕니다. 10분 정도 후 천사채의 탄성을 확인하고 찬물에 헹구면 완성입니다.

### 새송이버섯

버섯은 칼로리가 낮고 당류가 없어 종류와 상관없이 다이어트에 도움이 됩니다. 특히 새송이버섯은 다른 버섯에 비해 향이 강하지 않고, 수분함량이 낮기 때문에 식감이 물컹거리지 않아서 호불호가 적은 편입니다. 이 책에서는 새송이버섯을 길쭉하게 자르거나 잘게 다져 면 또는 밥 대신 사용했습니다. 냉장 보관 시 1주일 정도 보관 가능하고, 가격도 저렴한 편이라 부담 없이 사용할 수 있는 재료입니다.

### 닭가슴살

닭가슴살은 다른 고기 종류에 비해 지방이 적고 단백질이 많아 다이어트 요리에 자주 등장하는 재료 중 하나입니다. 닭고기는 덜 익힐 경우 식중독의 원인이 되는 살모넬라균이 존재할 수 있으므로 충분히 익혀먹는 것이 좋고, 닭고기를 손질한 칼이나 도마에 다른 재료가 닿지 않도록 주의해야 합니다. 가장 좋은 방법은 고기용 칼과 도마를 따로 사용하는 것이지만, 그렇지 않다면 다른 재료들을 먼저 손질한 뒤에 닭고기를 손질하는 것이 좋습니다.

## 두부

두부는 지방이 적고 단백질이 많으며 소화 흡수율도 높은 편입니다. 보통 썰어서 요리에 넣지만, 이 책에서는 주로 곱게 갈아 두부 크림을 만들어 사용했습니다. 이렇게 갈아서 사용할 경우에는 조금 비싸더라도 국산 콩으로 만든 두부를 선택하는 것이 좋습니다. 너무 저렴한 두부를 사용하면 텁텁하고 떫은맛이 날 수도 있기 때문입니다.

## 감자전분

감자전분은 다른 전분에 비해 탄수화물이 적고 칼로리가 낮으며, 칼륨 함량이 높은 편입니다. 이 책에서는 조리 과정 중 전분물을 소량 넣어 요리의 점도를 높이는 데 사용했습니다. 특히 곤약면의 경우 간이 잘 배지 않는 특성이 있는데, 전분물을 조금 넣어 점도를 높이면 곤약면에 국물이나 양념이 잘 묻어서 요리의 맛을 올려줍니다. 감자전분은 1작은술(5g)에 4g 정도의 탄수화물을 함유하고 있는데, 이는 '저탄고지' 식이를 하는 경우에도 섭취 가능한 양입니다.

| 영양성분/종류 | 감자전분 | 고구마전분 | 밀 | 쌀 | 옥수수전분 |
|---|---|---|---|---|---|
| 칼로리(kcal) | 334 | 342 | 351 | 366 | 366 |
| 탄수화물(%) | 82.7 | 84.4 | 86.0 | 89.3 | 89.6 |
| 칼륨(mg) | 44 | 7 | 8 | 2 | 13 |

## 피시소스

피시소스는 동남아시아 지역에서 애용하는 조미료로, 우리나라의 액젓보다 향이 덜하여 여러 요리에 두루 사용하기 좋습니다. 이 책에서는 동남아 음식뿐만 아니라 파스타나 리소토 같은 양식에 엔초비 대신 넣거나, 한식에서 액젓 대신 사용했습니다. 피시소스가 없다면 멸치액젓과 국간장을 1:1 비율로 섞어서 사용해도 되지만, 피시소스는 여러 요리에 들어가고 활용도도 높으니 구입하는 것을 추천합니다. 저는 '스퀴드' 사의 피시소스를 사용했습니다.

## 치킨스톡, 굴소스, 혼다시, 미원

다이어트 요리에는 칼로리가 높은 재료를 많이 넣을 수 없으므로 감칠맛을 내기가
어렵습니다. 이를 보완해주는 것이 치킨스톡, 굴소스, 혼다시, 미원 같은 조미
료입니다. 치킨스톡은 주로 양식과 국물 요리에, 굴소스는 중식과 볶음 요리
에, 혼다시는 일식에 사용됩니다. 각각 다른 풍미와 특성이 있어 구분
해서 사용하는 것이 좋습니다. 그중 치킨스톡은 액상 형태와 가루 형태
두 가지 종류가 있는데, 저는 '매기' 사의 액상 치킨스톡을 사용했습니다.
만약 가루 형태를 사용할 경우에는 레시피에 표기된 분량의 1큰술과 동일
하게 1큰술(제품에 동봉된 스푼)로 대체하면 됩니다.

## 다이어트 콜라

칼로리가 없다고 볼 수 있을 정도로 적어, 요리의 단맛을 낼 때 설탕 대신 사용합니다. 음
료수를 요리 재료로 사용하는 것이 어색할 수도 있지만, 에리스리톨, 스테비아, 사카린
(뉴슈가) 등의 설탕 대체 재료들보다 구하기 쉬워 애용하는 재료입니다.

## 볶음용 물

이 책에서는 재료를 볶을 때 기름 대신 물을 주로 사용합니다. 물을 넣어 볶으면 기름의 양을 최소한으로 줄일
수 있을 뿐만 아니라, 채소 따위를 볶을 때 팬에 눌어붙은 즙을 녹여(데글레이즈) 요리의 맛과 풍미를 높일 수
있습니다. 볶음 요리를 할 때는 요리 중 쉽게 물을 보충해 넣을 수 있도록 물을 담은 컵과 수저를 옆에 두고 진
행하는 것이 좋습니다. 또한, 기름이 아닌 물로 볶는 것이기 때문에 코팅이 잘 된 팬을 이용하는 것을 추천합
니다. 레시피에는 '볶음용 물'이라고 표기해두었습니다.

# 재료 계량법

## 가루류

1큰술

1/2큰술

1/3큰술

## 액체류

1큰술

1/2큰술

1/3큰술

## 장류

1큰술
(숟가락 위로 1.5cm 정도 올라오게)

1/2큰술

1/3큰술

한 꼬집

한 줌

한 컵(250ml)

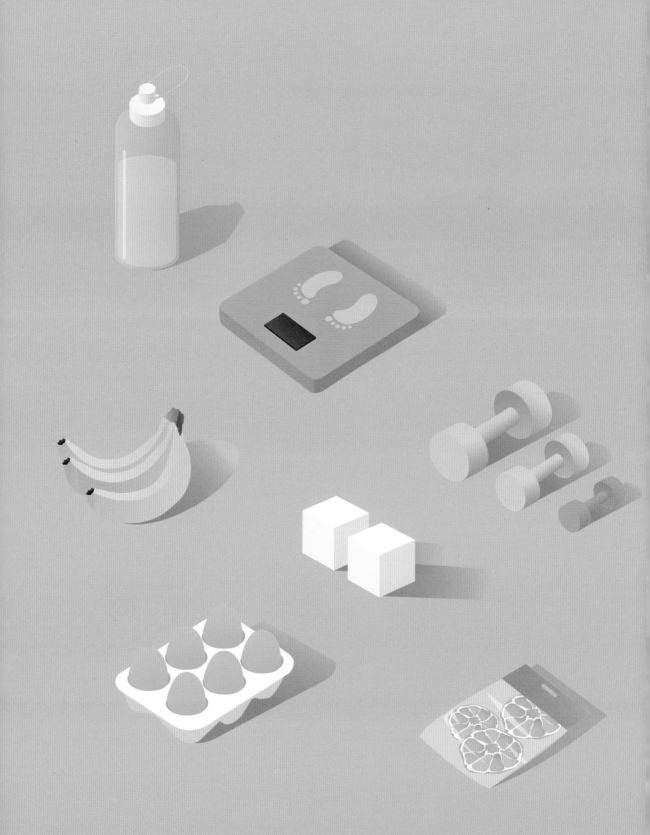

한 의 사 가   들 려 주 는
다 이 어 트   이 야 기

# 이론편

# 레시피는
# 바뀌어야 합니다

'식욕'은 생존과 직결된 인간의 본능입니다. 광합성을 할 수 없는 생물은 먹어야만 살 수 있기 때문이죠. 좀 더 효율적인 영양 섭취는 곧 효율적인 생존으로 연결됩니다. 그러다 보니 우리 몸은 많은 영양소를 효과적으로 섭취하는 것을 선호하게 되었고, 그러한 음식들을 '맛있다'라고 느끼게 되었습니다.

손가락 몇 번만 움직이면 맛있는 '황금레시피'가 수십, 수백 가지 나옵니다. 그도 그럴 것이 유사 이래 인류의 레시피는 '맛의 욕구'를 충족하는 방향으로 발전을 거듭했습니다. 좀 더 맛있게, 그리고 살이 찌는 방향으로 말이죠. 인류 초기의 빵은 거친 통밀에 물만 넣고 반죽하여 구워냈습니다. 지금의 빵은 어떤가요? 밀의 거친 섬유질은 제거하고, 먼지보다 곱게 빻습니다. 식감은 부드러워졌을지 몰라도, 탄수화물의 흡수율은 훨씬 높아졌죠. 반죽할 때에도 설탕, 우유, 버터 등을 첨가하여 맛은 좋아졌지만, 칼로리는 배로 뛰었습니다.

한식도 예외는 아닙니다. 현대의 거의 모든 한식 요리에는 설탕이 빠지지 않습니다. 사탕수수가 자라지 않아 설탕이 귀했던 과거를 생각하면 아주 큰 변화입니다. 몇 년 전 요리연구가 백종원 씨가 방송에서 요리하던 음식에 설탕을 종이컵 한가득 부어 넣어 '슈가보이'라고 불렸었죠. 사실은 백종원 씨가 설탕을 특별히 더 많이 쓴 게 아닙니다. 사람들이 그간 변화한 레시피를 잘 몰랐을 뿐입니다. 사람들은 계속해서 더 달고 더 기름진 맛을 원해왔고, 그에 맞게 한식 레시피 또한 변화했습니다.

변화한 것이 한 가지 더 있습니다. 바로 '고도 비만율'입니다. 대한비만학회에 따르면 국내 고도 비만율은 2009년 3.5%에서 2018년 6.01%로 10년 동안 약 72% 증가했다고 합니다. 비슷한 상승세라면 2030년에는 국민의 10명 중 1명이 고도 비만이 될 것이라는 전망입니다. 몸을 가누기 힘들 뿐만 아니라 당뇨병, 고혈압 등 건강에 심각한 위협을 가하는 수준의 고도 비만이 빠르게 증가한 것입니다. 그렇지만 이 원인을 개인의 의지력 탓으로만 돌릴 수는 없습니다. 많은 열량을 쉽고 빠르게 흡수하도록 음식들이 '맛있게만' 변해왔으니, 몸도 이에 맞춰 변화한 것뿐입니다.

## 맛과 건강을 모두 지키는 레시피가 필요하다

'약과 음식은 근원이 같다'라는 뜻을 가진 사자성어 약식동원(藥食同源)처럼, 음식은 입에서 느껴지는 '맛'에서 끝나지 않습니다. 마치 '약'처럼 몸속에 들어와 분명한 영향을 줍니다. 음식을 먹는 행위의 본질을 이렇게 정의해볼 수 있겠습니다.

> 음식에 들어있는 영양소 등의 여러 가지 화합물이 입을 통해 몸속으로 들어와, 복잡한 대사과정을 거쳐 몸에 특정한 효과를 내는 것

쉽게 말해 내가 먹은 음식이 곧 내 몸에 흡수되어 영향을 준다는 겁니다. 이제 우리는 약을 먹듯이 음식을 먹어야 합니다. 이 사실을 깨달았다면 지금까지의 레시피는 반드시 바뀌어야 합니다. 더 달고, 더 자극적인 맛을 위해 요리에 필요 이상으로 쏟아부었던 기름과 설탕을 줄여야 합니다. 라면에 밥을 말아 먹고 후식으로 빵까지 먹어 '탄수화물의 민족'으로 불릴 정도로 과량 섭취하던 정제 탄수화물 도 줄여야 합니다. 대신 그 자리를 결핍된 비타민과 무기질, 필수 아미노산을 포함한 양질의 단백질, 체내에서 합성되지 않는 필수지방산, 정제되지 않은 복합 탄수화물 로 골고루 채워야 합니다. 물론 맛 또한 최대한 잃지 않으면서 말이죠.

---

* 자연 상태의 탄수화물을 가공 · 정제하여 식이섬유, 비타민 등을 제거한 탄수화물로, 흰 밀가루, 백설탕 등이 대표적이다. 빠르게 소화 및 흡수되어 혈당을 급격히 상승시킨다.

** 통곡물, 콩, 채소 등에서 주로 발견되는 탄수화물로, 단순당이 아닌 다당류나 식이섬유를 의미한다. 일반적으로 소화되는 속도가 느려 포만감도 오래 지속되고 오랫동안 에너지를 공급해준다.

# 유명인의 다이어트,
# 무작정 따라 하지 마세요

"제 다이어트의 성공 비결은 바로 이 소스예요"라며 스리라차 소스를 꺼내 소개하는 한 연예인. 아무리 먹어도 0kcal라며 다이어트 식품을 이것저것 찍어 먹습니다. 또 다른 인플루언서는 자신의 날씬한 몸매를 자랑하면서 "제 식단은 다른 사람과 크게 다를 바가 없지만, 식후에 마시는 'oo차'가 제 몸매 유지 비결이에요"라고 말합니다. 하지만 스리라차 소스는 0kcal가 아니며, 'oo차'는 효과가 명확하게 입증되지 않은 광고일 뿐입니다.

이런 이야기들을 접하면 하상욱 작가가 했던 말이 떠오릅니다.

성공한 사람의 인생은 성공한 후에 포장되어 평범한 사람을 망친다

'인생'을 '다이어트'로 살짝 바꿔보겠습니다.

성공한 사람의 다이어트는 성공한 후에 포장되어 평범한 사람을 망친다

성공한 사람의 노력을 폄하하려는 것은 아닙니다. 누군가에게는 그 방법이 날씬한 몸매의 비결일 수 있지요. 문제는 모든 사람에게 똑같이 적용할 수 없다는 것입니다. 학문적으로 검증되지 않은 개인의 성공담은 '00kg 감량'이라는 결과만 강조되어 사람들에게 '나도 저렇게 하면 날씬해지겠지'라는 기대감만 불어넣습니다.

다이어트를 하는 이유는 저마다 다릅니다.

고도 비만인데 정상 체중이 되기 위해 다이어트를 하는 사람이 있고,
정상 체중이지만 날씬한 몸매를 만들기 위해 다이어트를 하는 사람이 있고,
원래는 마른 몸매였지만 여러 이유로 살이 쪄서 다시 돌아가려는 사람이 있고,
어려서부터 통통한 체형이었는데 처음으로 다이어트에 도전하는 사람도 있으며,
여러 번 다이어트를 시도했지만 실패한 사람이 있고,
다이어트에 성공했지만 요요 현상이 나타난 사람도 있고,
다이어트를 성공한 후 체중을 유지하고 싶은 사람도 있습니다.

이뿐인가요? 체질적으로 살이 쉽게 찌는 사람, 갑상선 기능 저하증 등의 질환으로 살이 찌는 사람, 요식업에 근무하면서 시식을 하느라 살이 찐 사람 등 신체 조건과 주어진 환경은 모두가 다릅니다. 그럼에도 우리는 언제나 유명 연예인, 인플루언서의 다이어트 비결에만 귀를 기울입니다. 원래부터 마른 체질인 사람의 다이어트 방법은 일반화할 수 없습니다. 날씬한 사람이 더 마른 몸이 되려 하거나, 마른 사람이 그 몸매를 유지하는 방법일 수는 있겠지요.

그렇다면 우리는 수많은 다이어트 방법 중 무엇을 따라야 하는 걸까요? 그 답은 누구에게나 보편적으로 적용 가능하며, 과학적으로도 증명된 상식을 따르는 것입니다. 이미 잘 알고 있듯이 '몸에서 소모되는 칼로리보다 섭취하는 칼로리가 적으면 살이 빠진다'라는 사실이죠. 이 기본적인 명제를 따른 다음에야 각자에게 맞는 다이어트 방법을 찾을 수 있습니다.

칼로리 제한에 대해 말씀드리기에 앞서, 수년 전 방송에서 소개된 뒤 다이어트 계의 트렌드로 떠오르며 열풍을 일으켰던 '저탄수화물 · 고지방 다이어트'와 '간헐적 단식'에 대해 알아보겠습니다.

# 저탄수화물·고지방 다이어트

아침엔 버터와 오일을 넣은 '방탄커피'를 마시고, 점심은 삼겹살 구이와 오일을 뿌린 아보카도 샐러드, 저녁은 돼지고기 보쌈에 채소를 곁들여 먹습니다. 수년 전 한 방송에서 소개되면서 전국의 마트에 버터 품귀 현상까지 일으켰던 '저탄수화물·고지방Low Carb High Fat(LCHF)' 다이어트. 그 인기는 지금도 여전합니다.

탄수화물 섭취를 줄이고 지방 섭취를 늘리는 '저탄고지' 식단은 원래 소아 뇌전증(간질) 환자를 치료할 때 쓰이던 '케톤 식이요법'의 일종입니다. 이것이 체중 감량에 효과적이라는 사실이 밝혀지면서 지금의 저탄고지 다이어트로 발전한 것입니다. 황제 다이어트, 케토제닉 다이어트 등 다양한 이름으로 불리지만 사실 모두 같은 원리의 식이요법입니다. 그 원리를 살펴보면 이렇습니다. 우리 몸은 탄수화물로부터 오는 포도당을 주 에너지원으로 사용합니다. 그런데 탄수화물을 극히 제한하여 체내에 포도당이 부족해지면, 포도당 대신 지방이 분해되며 생성되는 케톤을 주 에너지원으로 사용하여 체지방이 줄어드는 것입니다.

사실 현대인은 탄수화물, 그중에서도 정제 탄수화물을 너무 많이 먹는 편이기는 합니다. 특히 음료수에 들어있는 설탕, 과자나 라면에 들어있는 밀가루 등은 많이 먹는다는 인식도 없이 순식간에 과량 섭취하게 됩니다. 그러다 보니 사회적으로 탄수화물 과다 섭취나 탄수화물 중독 등의 우려가 커지면서, 이제는 탄수화물 기피 현상으로까지 이어지고 있습니다. 특히 다이어트를 하는 동안에는 탄수화물을 극단적으로 제한하는 사람들도 많습니다. 설탕이 들어간 음식은 물론이고, 밀가루나 흰쌀밥, 심지어는 양파나 고추장에 들어있는 당질까지 제한하기도 합니다.

## 탄수화물은 무조건 다이어트에 독이 되나요?

결론부터 말씀드리면 아닙니다. 다이어트 중에도 적당한 탄수화물의 섭취는 필수입니다. 여러 분야의 전문가들도 하루 100g 이상의 탄수화물 섭취를 권장하고 있습니다. 탄수화물은 필수 영양소로, 우리 몸의 가장 기본적인 에너지원입니다. 특히 주요 에너지원인 탄수화물을 극도로 제한하면 운동 수행 능력이 떨어지는 등의 문제가 나타날 수 있습니다.

저탄고지 식이요법은 전문가 사이에서도 의견이 첨예하게 갈리며, 아직 정설로 받아들여지지 않았습니다. 저탄고지 식이와 고탄저지(고탄수화물 · 저지방) 식이가 체중 감량 효과 면에서 차이가 없었다는 연구 결과나[2], 저지방 식이의 체중 감량 효과가 더 좋았다는 연구 결과처럼[3] 탄수화물 섭취가 다이어트를 방해하지 않는다는 연구 결과도 많습니다. 오히려 저탄수화물 식이를 계속하다 보면 몸의 탄수화물 처리 능력이 저하되어 적은 양의 탄수화물 섭취만으로도 혈당이 높아진다거나[4], 사망률을 증가시킨다는 연구 결과도 많습니다.[5]

그렇기에 공신력 있는 기관에서는 탄수화물 섭취, 특히 현미와 같은 통곡류를 통한 '복합 탄수화물' 섭취를 권장하고 있습니다.[6] 통곡류는 혈당지수(GI 수치)가 낮아 혈당을 급격하게 올리지 않으며, 비타민과 무기질을 풍부하게 함유하고 있기 때문입니다.

## 탄수화물 대신 지방을 먹으면 아무리 많이 먹어도 괜찮나요?

고기, 버터, 치즈를 마음껏 먹어도 탄수화물만 제한하면 살이 빠진다는 말은 매우 달콤하게 들리지만, 사실은 틀린 말입니다. 지방은 탄수화물만큼 인슐린 분비를 자극하지는 않지만, 어쨌거나 소모되는 에너지 이상으로 섭취하면 쉽게 체지방으로 전환됩니다.[**] 또한 지방 중에서도 트랜스지방은 각종 심혈관 질환을 유발할 위험성도 있습니다. 따라서 저탄고지 다이어트의 포인트는 '저탄'이지 '고지'가 아니라는 것을 기억해야 합니다.

---

* 음식 섭취 후 혈당이 상승하는 속도를 0~100으로 나타낸 것.

** 식사를 통해 흡수된 지방은 유미미립 형태로 혈장 속에 있다가 사용되지 않으면, 수 시간 내로 간과 지방 조직의 지질단백질 리파아제에 의해 흡수되어 트리글리세라이드(중성지방)로 저장된다.

# 간헐적 단식

'아침밥'이나 '저녁밥'과는 달리 '점심(點心)'이라는 말은 한자어입니다. 그러고 보면 '점심에 먹는 밥'을 뜻하는 순우리말은 없습니다. 한자로 이루어진 '조석(朝夕)'이라는 말도, 점심이라는 뜻 없이 '아침 조(朝)'와 '저녁 석(夕)'만 합쳐져 아침밥과 저녁밥을 아울러 이르는 말입니다. 이렇게 순우리말이건 한자어건 '점심'이 빠지고 '아침'과 '저녁'이 짝지어지는 이유는, 과거엔 아침과 저녁 두 끼만 먹는 것이 일반적이었기 때문입니다.

'점심(點心)'이 한자로 이루어진 것에서 짐작할 수 있듯이, 이 말은 중국에서 불교와 함께 들어왔습니다. 초기 불교의 승려는 식사를 탁발*로 해결했는데, 부처님을 따라 정오 이전 하루 한 끼만 먹는 것이 기본이었습니다. 그러나 불교가 중국으로 건너가면서 오후불식(午後不食) 원칙은 조금씩 변했습니다. 따뜻한 남방과 달리 추운 북방에서는 한 끼만으로 건강을 지키기 힘들었고, 탁발이 아닌 노동으로 먹거리를 생산하면서 점심(點心)과 약석(藥石)이 추가된 하루 세 끼 원칙이 만들어진 것입니다.[7] 점심이 정규 식사가 아니었던 것은 서양도 마찬가지입니다. 점심을 뜻하는 'lunch'는 앵글로색슨족Anglo-Saxon의 'nuncheon'에서 유래된 것으로 'noon drink', 낮에 마시는 음료수를 지칭하는 말이었습니다.[8]

이처럼 1일 1식, 또는 1일 2식은 인류 역사에서 흔히 볼 수 있는 식사 패턴이었습니다. '삼시 세끼'에 길들여진 우리에게는 1일 1식이나 간헐적 단식이 낯설게 느껴질 수 있습니다. 하지만 생각해보면 과거에는 해가 떨어진 후 식사를 하지 않는 건 자연스러운 일이었을 것입니다. 사람을 비롯한 주행성 동물들은 빛이 없다면 사냥도, 요리도 어려울 테니 말이지요.

간헐적 단식은 지금까지 당연시 여겨지던 삼시 세끼의 고정관념을 무너뜨리는 것부터 시작합니다. 배가 고프지 않아도 하루 세 번의 끼니때를 지키려고 음식을 섭취하는 습관적인 식사 패턴에서 벗어나, 식사 시

---

\* 도를 닦는 승려가 집집마다 다니면서 음식을 동냥하는 것.

간을 엄격하게 정해놓고 그 외에는 공복을 유지하는 식사법입니다. 가장 보편적인 간헐적 단식은 16시간 공복을 유지하고 8시간 동안 음식을 섭취하는 것입니다. 간헐적 단식의 긍정적인 효과는 여러 연구 결과를 통해 입증되었습니다. 우리나라에서는 주로 다이어트 방법으로 응용하고 있지만, 수명 연장, 암 예방, 대사증후군 지표 개선, 알츠하이머병이나 파킨슨병 같은 뇌질환 예방 등 건강상의 유익이 많습니다.[9]

하지만 간헐적 단식에서도 오해하지 말아야 할 것이 있습니다. 단식만 하면 허용된 식사 시간 동안에는 먹고 싶은 음식을 마음껏 먹을 수 있다는 오해 말입니다. 이때 폭식을 하거나 당류가 많은 음식을 과다 섭취한다면, 오히려 체중이 늘어나거나 건강에 악영향을 줄 수 있습니다. 간헐적 단식은 궁극적으로 소식(小食)을 좀 더 쉽게 실천하는 방법일 뿐입니다.

# 다이어트의 기본?
# 답은 칼로리 제한

앞에서 말했듯이 수많은 다이어트 방법 중 기본이 있다면, '칼로리 제한Calorie Restriction'일 것입니다. 광합성을 통해 자체적으로 에너지를 만드는 것이 아닌 이상, 입으로 들어가는 칼로리를 줄이면 살은 빠지게 되어있습니다. 저탄고지 다이어트나 간헐적 단식도 결국 칼로리 제한을 쉽게 하기 위한 방법으로 볼 수 있습니다. 저탄고지 다이어트는 탄수화물 대신 포만감이 오래가는 지방을 섭취하고, 간헐적 단식은 식사 시간을 제한하는 방법으로 하루 동안 섭취하는 음식의 양을 줄이는 것입니다.

하지만 칼로리를 제한할 때도 주의사항이 있습니다. 탄수화물, 단백질, 지방, 비타민, 무기질 같은 필수 영양소를 골고루 함유한 식단을 구성해야 한다는 것입니다. 살을 빼려는 거지, 머리카락을 빼려는 게 아니라면 말이죠. 따라서 하루 섭취 칼로리 권장량을 넘지 않는 선에서 질 좋은 기름과 단백질, 신선한 채소를 우선 섭취하고, 여유 칼로리를 정제되지 않은 양질의 복합 탄수화물로 채워야 합니다. 이렇게 식단을 구성하다 보면 섭취 칼로리의 상한선을 낮게 설정할수록 저탄고지 식단과 비슷해집니다. 필수 영양소인 단백질과 지방, 비타민, 무기질로 칼로리를 채우면 탄수화물은 자연스럽게 적은 양을 먹게 되는 것이죠.

## 소식과 건강

과거부터 소식(小食)은 전통적인 미덕이자 건강법이었습니다. 선조들은 '음식은 늘 적당히 먹어라(常令飮食勻)', '과식은 결국 이로울 것이 없다(飽食終無益)'라고 말하며 소식을 강조했습니다.[10] 사실 '골고루 적게 먹는 것'은 누구나 아는 건강 상식입니다.

소식을 현대적인 용어로 바꾸면 '칼로리 제한'입니다. 이 칼로리 제한에 관한 연구는 한 세기를 훌쩍 넘었습니다. 1917년에 식사를 제한한 쥐의 수명이 늘어났다는 연구 결과가 처음 보고되었고[11], 그 후 수많은 실험이 이루어졌습니다. 균류부터 어류, 설치류, 영장류에 이르기까지 칼로리 제한은 수명 연장에 긍정적인 영향을 주었습니다. 지금까지 밝혀진 바에 따르면, 영양소 결핍이 없는 칼로리 제한은 수명 연장, 노화 방지, 암 위험률 감소, 심혈관 질환 예방, 2형 당뇨병 등 노화 관련 질환의 지표 개선, 자가면역질환 개선, 염증 수치 개선, 뇌유래신경영양인자 증가에 따른 기억력 개선, 알츠하이머병 같은 뇌질환 예방 등 수많은 건강상의 이점이 있습니다.[12]

이러한 연구 결과들을 차치하더라도, 우리는 이미 알고 있습니다. 적게 먹는 것이 건강에 좋으며, 체중 감량의 핵심이라는 것을 말이지요.

## 걸그룹 식단, 초저열량 식이

미국식품의약국FDA과 국제식품규격위원회CODEX에서 정의한 바에 따르면, 하루에 400~800kcal를 섭취하는 식이요법을 '초저열량 식이Very Low Calorie Diet(VLCD)'라고 합니다. 성인 하루 권장 칼로리인 2000~2700kcal의 절반에도 못 미치기에 건강을 해칠 거라는 인식도 있는데요. 사실 초저열량 식이는 비교적 안전하고 효과적인 체중 감량 방법으로 1929년에 처음 소개되었으며,[13] 현재에도 2형 당뇨병 환자의 혈당 관리 및 지표 개선에 활용하고 있고 관련 연구가 진행 중입니다.[14] 2020년에는 마이클 모슬리 박사의 《하루 800칼로리 초고속 다이어트》라는 책이 영국과 호주에서 출간 즉시 베스트셀러가 되면서 초저열량 식이 열풍을 일으키기도 했습니다.

초저열량 식이는 '걸그룹 식단'으로도 유명합니다. 가수 전효성 씨가 자신의 유튜브 채널에서 소개한 다이어트 식단은 하루 700kcal, 배우 한예슬 씨의 다이어트 식단도 800kcal 수준입니다. 여기에 운동까지 병행합니다. 연예인의 몸매 비결이 여기에 있었던 것입니다.

섭취 칼로리가 극도로 낮은 만큼 초저열량 식이는 더 '잘' 챙겨 먹어야 합니다. 하루 50g 이상의 단백질, 약간의 필수지방산, 10g 이상의 식이섬유, 최소 50g의 탄수화물로 영양소를 골고루 갖춰서 식단을 구성해야 합니다. 이를 식품으로 환산하면 다음과 같습니다.

닭가슴살 2덩이(232kcal)

즉석밥 2/3개(220kcal)

들기름 1숟가락(45kcal)

토마토 2개(57kcal)

브로콜리 100g(32kcal)

이렇게만 먹어도 총 섭취 칼로리가 586kcal이기 때문에, 닭가슴살을 1덩이만 더 먹거나 과일을 추가하면 금방 800kcal가 넘어버립니다. 사실상 일반식은 먹기 힘들다고 할 수 있습니다. 이처럼 초저열량 식이는 꽤 극단적인 식이요법입니다. 자칫하면 영양 불균형을 초래하여 부작용이 나타날 수 있으므로, 전문가 지도하에 자신의 건강 상태를 고려하여 진행해야 합니다.

# 다이어트 중에도
# 꼭 챙겨 먹어야 할 것

    간헐적 단식, 칼로리 제한, 초저열량 식이 같은 식이요법에서 공통적으로 지켜야 할 것이 있습니다. 바로 영양소 결핍이 일어나지 않아야 한다는 점입니다. 특히 앞으로 소개할 영양소들은 결핍 시 다양한 부작용을 불러올 수 있으므로, 충분히 섭취하도록 식단을 구성해야 합니다.

    생명 유지에 필수적인 5대 영양소는 탄수화물, 단백질, 지방, 비타민, 무기질입니다. 그중에서도 단백질은 근육, 머리카락, 피부, 손톱 등의 신체 조직을 구성하며 항체, 효소, 호르몬의 기초 요소가 됩니다. 이러한 단백질은 아미노산이라고 불리는 질소화합물의 결합으로 만들어지는데, 체내에서 합성되지 않는 9종의 필수 아미노산은 꼭 식품을 통해 섭취해야 합니다.

    일반 성인에게 권장되는 하루 단백질 적정 섭취량은 체중 1kg당 0.8~1g입니다. 체중이 60kg이라면 하루 48~60g의 단백질을 섭취해야 합니다. 무게가 100g 내외인 닭가슴살 1덩이가 23g 정도의 단백질을 포함하고 있으니, 60kg의 성인이라면 닭가슴살 2~3덩이는 먹어야 한다는 계산이 나옵니다.

    닭가슴살 외에도 소고기, 돼지고기 같은 동물성 식품들과 우유, 달걀, 두부 등은 필수 아미노산 9종이 풍부하게 들어있으며 체내에서 흡수도 잘 됩니다. 다만 소고기와 돼지고기는 부위에 따라 지방 함량이 높을 수 있으므로, 다이어트 중이라면 먹는 것에 신중을 기할 필요가 있습니다.

## 지방

지방은 다른 영양소에 비해 높은 열량을 가지고 있으므로, 과다 섭취하지 않도록 주의해야 합니다. 하지만 체내에서 합성되지 않아 꼭 음식을 통해 섭취해야 하는 필수지방산이 있는데요. 바로 오메가-3와 오메가-6 입니다. 이 필수지방산은 체내에서 필요에 따라 다양한 형태로 전환되어 면역 및 알레르기 반응, 호르몬 합성 등 여러 작용에 관여합니다. 또 이들이 부족하면 피부가 건조해지고 탈모 증상이 나타나기도 합니다.

오메가-6의 경우 식물성 기름, 고기, 씨앗 등 일상적인 식품에 풍부하게 들어있어서 결핍될 우려가 적지만, 오메가-3는 조금 다릅니다. 오메가-3는 일반 식품에서는 거의 발견되지 않고 고등어, 연어 등의 생선이나, 호두 등 견과류, 그리고 들기름에 많이 함유되어 있습니다. 닭가슴살이나 토마토 같은 일반적인 다이어트 식품만으로는 충분히 섭취할 수 없으므로 결핍되기도 쉽습니다. 그래서 다이어트를 하는 사람들은 호두, 아몬드 같은 견과류를 한 줌씩 챙겨 먹곤 합니다.

다만 알아두어야 할 점은 오메가-3의 권장 섭취량은 0.5~2.5g 정도이며, 3g 이상의 과량 섭취는 권고하지 않는다는 것입니다. 호두 한 줌, 들기름 1숟가락이면 충분한 양을 섭취할 수 있으므로, 자칫 과량 섭취하지 않도록 조심해야겠습니다.

## 비타민과 무기질, 그리고 파이토케미컬

우리 몸의 에너지원으로 쓰이는 것은 아니지만, 에너지 대사나 생명 유지에 꼭 필요하여 5대 영양소로 분류되는 물질들이 있습니다. 바로 비타민과 무기질입니다. 비타민과 무기질은 식품 어디에나 들어 있지만, 어디에나 풍부하게 함유된 것은 아니므로 다이어트 중에는 특히 부족하기가 쉽습니다. 이들은 채소나 과일에 많이 함유되어 있는데, 채소 및 과일에 따라 함유된 비타민과 무기질의 종류가 다릅니다. 특히 색깔에 따라 함유된 파이토케미컬phytochemical도 각기 다르므로 채소와 과일을 색상별로 골고루 섭취하는 것이 중요합니다.

---

※ 채소, 과일에 함유된 식물성 화학물질. 항산화 작용 증가, 면역 기능 향상 등 건강에 도움을 주는 생리활성을 가지고 있으며, 색상마다 파이토케미컬의 종류와 효능이 다르다. 주로 빨간색에는 라이코펜, 노란색에는 베타카로틴, 검붉은 색에는 안토시아닌 등 다양한 항산화 물질을 함유하고 있다.

식이섬유는 체내에 흡수되지 않아 필수 영양소로 분류되지는 않지만 포만감을 주고 변비를 예방하며, 영양소 흡수를 지연하거나 저하하여 비만을 예방하고, 체중 감량에도 효과가 있는 것으로 알려져 있습니다.[15] 다이어트 중에는 필수적인 영양소라 볼 수 있겠지요.

식이섬유의 하루 권장 섭취량은 20~25g이며, 우리나라 성인의 하루 평균 식이섬유 섭취량은 24.1g으로 양호한 편이라고 평가되고 있습니다.[16] 이는 한국인이 식이섬유의 주요한 공급원인 채소와 곡류 등을 많이 먹기 때문인데, 문제는 다이어트를 할 때입니다. 토마토와 양배추, 양상추처럼 다이어트 중 자주 먹는 채소들은 100g당 약 1.5~2g의 식이섬유를 함유하고 있습니다. 현미밥 등 통곡류의 도움 없이 식이섬유 권장 섭취량을 채우려면 하루 최소 1kg의 채소를 먹어야 합니다. 이는 300g의 샐러드를 세 번 먹어야 하는 분량이므로 권장 섭취량을 채우려면 매 끼니마다 채소를 챙겨 먹는 것이 좋습니다.

탄수화물은 우리 몸의 주 에너지원이 되는 필수 영양소입니다. 아무리 다이어트 중이더라도 50~100g 정도의 탄수화물 섭취는 권장됩니다. 탄수화물은 당류, 다당류, 식이섬유로 구분되는데, 이 중 당류는 단순 탄수화물Simple Carbohydrate, 다당류와 식이섬유는 복합 탄수화물Complex Carbohydrate이라 부릅니다. 당류인 단당과 이당은 섭취 후 체내로 빠르게 흡수되기 때문에 혈당을 급격하게 올리는 반면, 다당류인 복합 탄수화물은 분해과정을 거쳐야 하므로 혈당을 급하게 올리지 않습니다. 물론 전분(녹말)과 같이 정제하여 특정 성분만을 뽑아낸 복합 탄수화물의 경우 혈당을 급하게 올리기 때문에, 복합 탄수화물이라고 해서 다이어트에 무조건 좋은 것만은 아닙니다. 같은 복합 탄수화물이라도 정제되지 않은 자연 그대로의 상태로 섭취하는 것이 다이어트에 유리합니다. 정제 과정을 거치지 않은 통곡물이나 과일, 채소들은 다당류와 함께 여러 가지 식이섬유, 단백질, 비타민, 무기질이 구조적으로 얽혀있어서 체내에 분해·흡수가 느리므로 다이어트에 도움이 되는 것입니다.

| 탄수화물 | 당질 | 당류 | 단당류(포도당, 과당) | 단순 탄수화물 (단순당) |
| | | | 이당류(엿당, 설탕, 젖당) | |
| | | 다당류 | 올리고당 | 복합 탄수화물 |
| | | | 전분, 글리코겐 | |
| | 식이섬유 | | 펙틴, 셀룰로오스 등 | |

채소나 과일을 많이 섭취한 사람은 그렇지 않은 사람보다 심근경색 등의 심혈관 질환 발생 가능성이 최대 30%까지 줄어들지만, 같은 성분의 종합비타민제는 별다른 효과가 없다는 연구 결과가 있습니다.[17] 아무리 천연 비타민이라 하더라도 화학적인 가공과정을 거치기 때문에, 합성 비타민과 흡수율에 큰 차이가 없다는 것이 가장 큰 원인으로 보입니다. 또한 단백질 파우더, 오메가-3 캡슐 같은 보조제들은 자칫하면 권장 섭취량보다 과다 섭취하게 될 수도 있습니다.

앞에서 소개한 필수 영양소의 긍정적인 효과들은 대부분 약이 아닌 식품으로 섭취했을 때 나타나는 결과입니다. 무엇보다 비타민, 무기질, 식이섬유 등을 풍부하게 섭취하려면 많은 양의 채소를 먹어야 하는데, 이로 얻을 수 있는 포만감과 변비 예방 효과는 보조제로 얻을 수 없습니다. 따라서 영양소는 식품으로 섭취하는 것이 가장 좋습니다.[18]

# 다이어트 정체기와 운동

60kg인 성인 여성의 1일 기초대사량<sup>*</sup>은 1296kcal 정도<sup>**</sup>입니다. 만약 책상에서 사무를 보는 일 같이 적은 에너지를 소모하는 일을 하면서 운동을 따로 하지 않는 경우, 활동대사량<sup>***</sup>은 기초대사량의 20~40% 수준입니다. 따라서 이 여성이 하루 동안 활동하는 데 필요한 에너지양은 1500~1800kcal가 됩니다.

반면 1일 섭취 칼로리는 어떨까요? 아침으로 소시지빵(380kcal)과 우유 200ml 한 팩(130kcal)을 먹고, 점심으로 짜장면 한 그릇(800~1000kcal), 저녁으로는 부대찌개 1인분(700~800kcal)을 먹는다면 최대 2310kcal를 섭취하게 됩니다. 여기에 간식이나 야식까지 더하면 칼로리는 훨씬 높아지겠죠. 이렇듯 우리가 일상적으로 먹고 있는 식단은 생각보다 많은 열량을 가지고 있습니다. 간식 없이 하루 세끼만 잘 챙겨 먹어도 섭취 칼로리가 1일 대사량을 금방 넘어갑니다.

자, 이제 식사량을 줄여서 한 끼에 600kcal씩 먹는다고 합시다. 하루 세끼를 다 먹는다면 하루 동안 총 섭취 칼로리가 1800kcal가 되므로 1일 대사량과 별 차이가 없습니다. 만약 저녁을 포기하고 하루 두 끼만 먹으면 얼마나 살이 빠질까요? 체지방 1g은 대략 7.7kcal의 에너지를 만들어내므로[19] 7.7kcal를 덜 먹으면 체지방 1g 정도가 빠진다고 해보겠습니다. 그렇다면 식단 조절로 매일 300~600kcal씩만 덜 먹어도 한 달에 1.1~2.3kg 정도가 빠진다는 계산이 나옵니다.

---

<sup>*</sup> 생물체가 생명을 유지하기 위해 필요한 최소한의 에너지양.

<sup>**</sup> 기초대사량을 계산하는 공식은 여러 가지가 있는데, 보편적인 계산식을 따르면 1kg당 여성은 0.9kcal, 남성은 1kcal의 에너지를 소모한다. 따라서 60kg인 성인 여성의 1일 기초대사량은 0.9kcal × 60kg × 24시간 = 1296kcal 라는 결과가 나온다.

<sup>***</sup> 일상생활에서 노동이나 운동 등 신체적인 활동을 통해 소모되는 에너지양.

하지만 우리 몸은 기계가 아니죠. 계산한 대로 빠질 거라 기대해서는 안 됩니다. 꾸준하게 식단 관리를 하면서 조금씩 감량한다고 하더라도, 정체기는 찾아오기 마련입니다. 우리 몸은 항상성˙을 가지고 있기 때문에, 체중이 갑자기 줄어들면 긴급하지 않은 곳에 사용되는 에너지를 줄여서 체내 에너지 소모를 최소화합니다. 바로 대사적응-Metabolic Adaptation 현상이 일어나는 것입니다. 이는 혹독한 환경 속에서 살아남기 위한 우리 몸의 절전모드인 셈입니다. 거친 자연에서 생존을 걱정하던 원시 시대에는 이 기능이 고마울 수 있지만, 다이어트를 하는 현대인의 입장에서는 달갑지 않습니다. 식사량을 줄였는데도 살은 빠질 생각이 없으니 말이죠. 이때 필요한 것이 바로 운동입니다. 운동은 절전모드에 돌입한 신체를 흔들어 깨워 에너지를 원활하게 태우도록 도와줍니다. 만약 지금 다이어트 정체기를 겪고 계시다면 운동이 도움이 될 수 있습니다.

## 그렇다면 다이어트 중 운동은 필수인가요?

앞서 말했듯이 정체기에는 운동이 체중 감량에 도움이 될 수 있습니다. 그러나 체중 감량의 핵심은 식단 조절이지 운동이 아닙니다. 1시간 걷기는 240kcal, 1시간 달리기는 440kcal 정도의 에너지를 태웁니다. 즉 석밥 1개의 칼로리가 310kcal이므로 운동으로 태울 수 있는 열량은 그리 많지 않습니다. 게다가 근육량 1kg당 기초대사량은 겨우 13kcal 정도 늘어납니다. 운동을 열심히 해서 근육량을 10kg 증가시키더라도 기초대사량은 총 130kcal 정도 늘어나는 것입니다. 이는 밥 반 공기도 안 되는 양입니다.

'그래도 운동하면서 다이어트를 하는 것이 건강에 좋다'라고 생각하실 수 있습니다. 물론 운동은 심혈관 질환을 예방하고, 건강 수명을 늘려주죠. 하지만 영양소를 골고루 갖춘 다이어트 식단은 결국 소식하는 결과를 가져오므로, 운동의 도움 없이도 건강해질 수 있습니다. 흔히 알려진 바와 달리 평균 수명과 최대 수명을 늘리는 유일한 방법은 운동이 아니라 칼로리 제한에 기반을 둔 식이요법입니다.

그렇기에 다이어트는 식이가 8, 운동이 2라고 말하곤 합니다. 실제로 운동 없이 식이요법만 진행하더라도 운동을 병행했을 때와 체중 감량 효과에 큰 차이가 없다는 연구 결과도 있습니다.[20] 또한, 처음부터 식단 조절과 운동을 병행하다가 두 마리 토끼를 다 놓치는 경우도 많습니다. 평소 운동을 즐기는 사람이 아니라면 운동도 하기 싫은데 식단 조절까지 하려다 보니 스트레스를 받아 둘 다 망쳐버리게 되는 겁니다. 그러므로 운동은 필수가 아닌 선택 사항이라고 말할 수 있습니다.

˙ 생물의 생리적 상태를 정상적인 범위 내에서 안정되게 유지하는 성질.

# 칼로리에 대한
# 여러 가지 오해와 진실

칼로리Calorie는 에너지의 크기를 나타내는 단위로, 1kcal는 물 1L를 1℃ 올리는 데에 필요한 에너지의 양을 의미합니다. 원래 탄수화물은 1g당 4.1kcal, 단백질은 1g당 5.65kcal, 지방은 1g당 9.45kcal의 에너지를 가지고 있습니다. 하지만 이 칼로리가 체내에 그대로 다 흡수되는 건 아닙니다. 그래서 주로 '애트워터계수 Atwater's coefficient'를 적용하여 식품의 열량을 계산하고 있습니다.

'애트워터계수'는 1896년 미국의 화학자 윌버 애트워터가 4천여 가지의 음식 칼로리를 측정하여 정해놓은 것입니다. 음식물이 몸속에서 분해되는 과정 중 소모되는 에너지와 체내에 흡수되지 않고 배출되는 값을 측정하여 적용했습니다. 이에 따르면 영양소는 92~98% 정도만 체내에 흡수되고 나머지는 대사과정 중 소모·배출되는데 탄수화물과 단백질은 1g당 4kcal, 지방은 1g당 9kcal 정도 흡수된다고 합니다.

하지만 이는 정확한 값이 아니라 평균을 낸 예측값이므로 맹신해서는 안 됩니다. 사람마다 흡수율이 다를 뿐만 아니라 음식의 종류나 온도, 가공 방법, 심지어 곁들여 먹는 음식에 따라서도 흡수율이 달라지기 때문입니다. 일반적으로 식이섬유가 많고, 정제되어 있지 않으며, 열을 가하지 않은 음식일수록 흡수율은 낮아집니다. 따라서 똑같이 100kcal로 표기되었더라도, 과자와 토마토는 완전히 다른 열량으로 흡수될 수 있습니다. 흡수율이 좋은 정제 탄수화물로 만들어진 과자는 예상 수치인 100kcal보다 8%가 더 흡수되고, 섬유질이 많은 토마토는 100kcal보다 50%가 덜 흡수되는 식으로 말이죠.

그렇다고 애트워터계수로 칼로리를 계산하는 것이 아무짝에도 쓸모가 없는 것은 아닙니다. 내가 먹은 음식의 칼로리를 계산해보고, 이를 통해 칼로리 섭취 상한선을 지키는 데 도움이 되기 때문입니다. 애트워터계수는 본래 그 물질이 가지고 있는 에너지의 92~98% 값을 표시한 것이므로, 실제 흡수되는 열량이 더 낮아질 수는 있어도 높아지기는 쉽지 않습니다. 아무리 흡수율이 높은 음식을 먹었더라도, 칼로리 최댓값의 오차는 10%를 넘기 힘들다는 말입니다. 2000kcal의 과자를 먹든, 2000kcal의 샐러드를 먹든 실제 흡수되는 칼로리는 어쨌거나 최대 2200kcal를 넘지 못할 겁니다. 물론 샐러드보다는 과자로 2000kcal를 먹는 것이 2200kcal에 훨씬 가까울 테니, 가공된 정제 탄수화물보다는 채소나 통곡물, 가공되지 않은 고기 등으로 칼로리를 섭취하는 것이 다이어트에 더욱 유리할 것입니다.

## 조리하면 식품의 칼로리가 올라가나요?

답을 먼저 말씀드리면 아닙니다. '조리하면 식품의 칼로리가 올라간다'라는 이야기가 있습니다. 실제 식품성분표를 보면 조리하지 않은 생 닭가슴살은 100g당 107kcal인 반면, 구운 닭가슴살은 165kcal입니다.[21] 조리해서 칼로리가 1.5배 늘어난 것일까요?

그렇지 않습니다. 조리 방법에 따라 칼로리가 달리 표기되는 것은 100g당 값으로 환산하는 과정에서 보이는 착시일 뿐입니다. 조리하지 않은 100g의 닭가슴살은 76.2g의 수분과, 22.97g의 단백질, 0.97g의 지방을 가지고 있으며 107kcal입니다. 이 닭가슴살을 구우면 35g의 수분이 날아가면서 무게가 65g이 되는데, 영양성분인 단백질과 지방은 감소하거나 증가하지 않으므로 칼로리는 그대로 107kcal입니다. 65g인 구운 닭가슴살이 107kcal를 가지므로, 이를 100g당 칼로리로 환산하면 165kcal[*]가 되는 것이지요. 조리한다고 없던 고기가 더 생겨나지는 않습니다. 닭가슴살 100g(107kcal)을 구웠다면, 수분이 날아간 만큼 가벼워진 구운 닭가슴살 65g(107kcal)이 되는 것이지 날아간 수분만큼 고기가 늘어나서 구운 닭가슴살 100g(165kcal)이 되지는 않습니다.

물론 위에서 말한 칼로리는 예측값일 뿐이고 식품을 조리하면 일반적으로 소화·흡수가 용이해지므로, 조리한 음식이 조리하지 않은 음식에 비해 에너지 흡수량이 더 많을 수는 있습니다. 하지만 그렇다고 해도, 표기된 칼로리보다 높아지기는 어렵습니다. 앞서 말했듯이 아무리 흡수가 잘되도록 조리하더라도, 실제로 흡수되는 칼로리는 표기된 값보다 10% 이상 높아지기는 어렵기 때문입니다.

---

[*] 구운 닭가슴살 칼로리(107kcal) ÷ 구운 닭가슴살 무게(65g) = 구운 닭가슴살 1g당 칼로리(1.65kcal)
구운 닭가슴살 1g당 칼로리(1.65kcal) × 100g = 구운 닭가슴살 100g의 칼로리(165kcal)

하지만 조리하지 않으면 칼로리가 낮아질 수는 있습니다. 단백질은 가열 과정을 통해 변성Denaturation이, 탄수화물(전분)은 호화Gelatinization가 일어나 결합이 끊어지면서 소화·흡수에 용이한 상태가 됩니다. 만약 조리 과정 없이(물론 닭가슴살은 꼭 익혀 먹어야 합니다*) 그냥 섭취하면 흡수율이 떨어지므로 실제 흡수되는 칼로리가 표기된 칼로리보다 낮아질 수 있습니다. 즉, 조리한다고 칼로리가 예상값보다 높아지지는 않지만, 조리하지 않으면 예상값보다 실제 흡수량이 낮아질 수 있다는 겁니다. 음식물을 조리하지 않고 그대로 먹는 식이요법인 '생식(生食)'이 건강에 좋고 다이어트에 도움이 된다고 하는 이유도 이 때문입니다. 같은 음식을 먹어도 생식을 하면 흡수율이 떨어지고, 소화하는 데 오랜 시간이 걸려 포만감이 길게 지속되므로 결과적으로 소식하는 효과를 볼 수 있습니다.

## 기왕이면 찬밥이 낫다, 저항성 전분

'찬밥 신세'라는 말을 들어보셨을 겁니다. 모름지기 밥은 따뜻하게 먹어야 소화도 잘되고 좋은 것인데 차갑게 식은 밥을 내어주고 먹으라 하니, 좋지 못한 대접을 받는다는 것을 뜻합니다. 하지만 다이어터에게는 찬밥이 더 좋은 대접이 될지도 모르겠습니다. 바로 '저항성 전분Resistant Starch' 때문입니다.

체내에서 소화 효소에 의해 잘 분해되지 않는 전분을 저항성 전분이라고 합니다. 잘 분해되지 않으니 흡수도 잘되지 않지요. 결과적으로 표기된 열량보다 적은 열량이 체내에 흡수되므로 다이어트에 도움이 됩니다. 저항성 전분을 풍부히 함유한 음식으로는 귀리, 보리, 현미, 콩 등이 있고, 감자나 쌀처럼 조리하여 따뜻할 때는 저항성 전분이 적지만 식히면 많아지는 음식도 있습니다. 한 연구 결과에 따르면 24시간 동안 냉장고에 넣어놨던 밥은 다시 데웠는데도 저항성 전분이 2배 이상으로 많아졌고, 혈당지수도 낮아졌다고 합니다.[22] 찬밥이 소화가 잘되지 않는 이유가 여기에 있던 겁니다.

하지만 저항성 전분은 아직 연구가 진행 중인 분야입니다. 어떤 음식의 저항성 전분이 어떤 조건에서 얼마나 증가되는가는 명확히 정립된 바가 없습니다. 갓 지은 쌀밥보다는 식어서 차가워진 밥이 다이어트에는 좀 더 유리하겠지만, 찬밥이라고 너무 맘 놓고 먹어서도 안 되겠습니다.

---

\* 닭고기는 식품 매개성 질환을 가장 많이 일으키는 것들 중 하나로, 식중독을 일으키는 살모넬라균이 있을 수 있으므로 잘 익혀 먹어야 한다.

# 고구마는 과연 다이어트에
# 꼭 필요한 음식일까요?

닭가슴살, 토마토와 함께 다이어터에게 사랑받는 음식이 있습니다. 바로 고구마입니다. 닭가슴살은 지방질이 적은 단백질 공급원으로, 토마토는 칼로리가 낮으면서도 각종 비타민과 식이섬유를 함유한 음식으로 다이어트 식단에 자주 등장합니다. 그런데 수분을 제외하면 대부분이 탄수화물인 고구마는 어떤 이유로 다이어트에 널리 응용되는 것일까요?

운동을 하려면 에너지가 필요합니다. 이 에너지는 간과 근육에 글리코겐Glycogen 형태로 저장되어 있는데 저장량이 그리 많지 않아서 운동 시 금방 고갈됩니다. 이렇게 글리코겐이 운동 중 고갈되면 몸에서는 곧바로 지방과 근육을 분해해서 에너지를 공급합니다. 이것이 바로 '근손실'입니다. 사실 이 정도의 근육 손실은 일반인에게는 아무런 문제가 되지 않습니다. 대사증후군 같은 질환이 없는 정상적인 사람은 근육의 합성과 손실이 끊임없이 일어나며 동적인 평형상태를 유지하기 때문입니다.

그럼 근육의 크기를 키워야 하는 보디빌더에게는 어떨까요? 아무리 적은 양의 손실이더라도, 근육을 크게 키우기 위한 운동이 근육 손실을 일으킨다면 운동의 효율성이 떨어지겠죠. 이런 이유로 보디빌더들은 고구마를 애용했습니다. 고구마는 풍부한 식이섬유 덕분에 혈당지수가 낮아 인슐린을 과자극하지 않으면서도, 오랜 시간 동안 천천히 혈당을 공급해줍니다. 따라서 운동 전후에 고구마를 먹으면 애꿎은 근육을 분해하여 에너지로 사용할 일이 줄어드는 것입니다.

하지만 엄밀히 따져 보디빌딩은 다이어트가 아닙니다. 보디빌딩은 골격과 근육을 단련하고, 근육의 모양이 선명히 보이게 하는 것이 목적입니다. 운동으로 근육의 크기를 키우고 식단으로 체지방을 줄이기는 하지만,

그것이 일반인의 다이어트와 같은 것이라고는 볼 수 없습니다. 그런데 지금까지 전해오는 다이어트 방법론들은 상당수 보디빌더의 식단에서 온 것이 많습니다. 닭가슴살을 챙겨 먹는 것과 염분을 제한하는 것 또한 보디빌딩의 유산입니다.

만약 자신이 근육의 크기를 키워가며 다이어트를 하고 있다면 고구마는 다이어트 식품이 될 수 있습니다. 하지만 근육을 단련하려고 운동하는 것이 아니거나, 운동 중의 근육 손실을 걱정할 정도로 근육량이 중요한 것이 아니면 차라리 채소를 먹는 것이 영양소 보충에 도움이 됩니다. 굳이 탄수화물인 고구마를 추가로 먹을 필요는 없다는 말입니다.

# 저염식, 무염식은 필수가 아닙니다

소금은 0kcal입니다. 또, 나트륨이 지방 연소를 방해하거나 지방 저장을 촉진하는 것도 아닙니다. 그런데도 다이어트를 할 때 저염식, 또는 무염식을 하는 경우가 많습니다. 실제로 방송에 나오는 보디빌더, 아이돌, 배우, 모델들을 보면 식단 조절 시 나트륨 섭취를 제한하곤 합니다.

나트륨을 과다 섭취하면 우리 몸은 체내 나트륨 농도를 맞추기 위해 수분을 더 저장합니다. 소위 말하는 '붓기'입니다. 라면을 먹고 잔 다음 날 퉁퉁 부은 얼굴을 보고 놀라신 적이 다들 있을 겁니다. 수분 때문에 몸이 붓는 것과 지방이 증가한 것은 같지 않지만, 겉보기에는 둘 다 살이 찐 것으로 보입니다. 나트륨을 제한해서 붓기를 없애면 턱선과 복근이 선명해지기 때문에 중요한 모임을 앞두고 급하게 다이어트를 하거나, 모델 또는 보디빌더 같은 몸매를 갖기를 원한다면 나트륨 제한이 효과적일 것입니다.

하지만 마른 몸매에서 깡마른 몸매가 되려는 것이 아니고, 적당한 체형을 위해 장기적으로 체중 조절을 하는 사람이라면 꼭 저염식을 할 필요는 없습니다. 게다가 저염식이 건강에 좋은 것만도 아닙니다. 2014년 발표된 연구 결과에 따르면 소금을 적당량 섭취하는 경우와 비교하여 고염식뿐만 아니라 저염식에서도 사망률과 심혈관 질환 위험률이 대략 10~20% 정도 증가했습니다.[23] 나트륨은 근육의 수축과 이완, 신경 전달 등에 관여하는 꼭 필요한 무기질임을 기억하시길 바랍니다.

# 다이어트 콜라 vs 일반 콜라, 뭘 선택해야 하죠?

탄산음료는 다이어트의 적입니다. 중독성까지 고려하면 가장 큰 적일지도 모르겠습니다. 음료수의 단맛은 대부분 액상과당에서 나옵니다. 액상과당은 포도당과 과당의 혼합액으로, 단당류입니다. 분자 하나로 구성된 단당류는 소화 과정에서 분해될 필요가 없기 때문에 혈당을 급격하게 올리고, 결과적으로 지방 저장을 촉진하는 인슐린 분비가 증가합니다.

반면 아스파탐, 수크랄로스, 아세설팜칼륨 같은 합성감미료를 사용한 다이어트 음료들은 충분히 달면서도 칼로리가 거의 없습니다. 혈당에 영향을 끼치지 않기 때문에 당뇨 환자나 체중 조절을 하는 사람에게는 다이어트 콜라가 좋은 대안이 되고는 합니다. 그러나 다이어트 콜라를 둘러싼 걱정들도 많습니다. 합성감미료에 대한 안전성 논란부터 비만을 유발한다는 걱정까지 말이지요.

합성감미료가 안 좋은 이미지를 가지게 된 건 사카린의 영향이 큽니다. 일명 '사카린 파동'으로 불리는 사건 때문인데요. 1970년대, 사카린이 방광암을 유발한다는 동물 실험 결과가 발표된 것입니다.* 그 후 사카린이 발암물질로 분류되는 등 많은 수모를 겪었지만, 후속으로 이루어진 30개 이상의 연구들에서는 인간에 대한 안전성이 입증되었고, 2000년에 들어서며 발암물질 목록에서 제외되었습니다. 사카린뿐만 아니라 다른 합성감미료에 대한 연구도 많이 존재합니다. 다이어트 콜라에 들어가는 아세설팜칼륨과 수크랄로스는 각각 90개와 110개 이상의 연구에서, 다이어트 소다에 들어가는 아스파탐은 100개 이상의 연구에서 안전성을 입증받았습니다.[24]

---

\* 하지만 당시 근거가 된 논문은 사카린 섭취량이 비상식적일 정도로 과량이었으며, 설치류의 신체 특성을 고려하지 않았다는 비판을 받기도 했다.

이런 결과에도 불구하고 여전히 찜찜함이 남기는 합니다. 합성감미료가 비만이나 대사증후군을 유발하지 않는다는 연구 결과도 있지만[25] 상관성을 시사하는 연구 결과가 있는 것도 사실이기 때문입니다. 게다가 수천, 수만 년을 먹고 살아온 천연물에 비해 수십 년밖에 되지 않은 합성감미료의 소비 기간이 짧아 보이기도 합니다. 또, 단일 성분이 아닌 복합 성분이 한꺼번에 체내로 들어갔을 때 일어나는 영향에 대해서는 아직 과학적인 연구로 입증하기 어렵기 때문에 더욱 그렇습니다. 그렇다면 건강을 생각해서라도 그냥 일반 콜라를 먹는 게 더 나은 선택일까요?

글쎄요. 설탕이 들어간 일반 음료수Sugar-Sweetened Beverages 또한 비만과 당뇨를 유발하고, 심혈관 질환으로 인한 사망 위험을 높인다는 것이 최근의 연구 결과입니다.[26] 2019년의 한 연구 결과에 따르면 설탕이 들어간 음료수를 마신 사람들은 섭취량에 비례하여 총 사망률과 심혈관 질환 사망률이 높아진 반면, 합성감미료가 들어간 음료수를 마신 사람들은 그렇지 않았습니다. 합성감미료가 들어간 음료수는 하루에 4캔 이상 매일 마시는 정도로 과다 섭취하지만 않는다면, 사망률에는 영향을 미치지 않았던 것이죠. 오히려 설탕이 들어간 음료수를 합성감미료로 대체하면 사망률이 떨어지는 결과가 나타나기도 했습니다.[27]

물론 가장 좋은 건 탄산음료를 멀리하는 겁니다. 유해성도 유해성이지만 단맛에 중독되는 건 다이어트에 도움 될 일이 없기 때문입니다. 칼로리가 적든지 많든지 달지 않은 음료수를 마시는 것을 습관화해야 다이어트에도 유리합니다. 단맛에 길들여지면 맹물을 마시지 못하는 지경에 이르기도 하니까요. 하지만 어쩌다 한번 콜라가 너무 마시고 싶다면, 굳이 다이어트 콜라를 피할 이유는 없습니다. 설탕이 합성감미료보다 건강한 재료라고 할 수도 없는 데다가 칼로리까지 높으니 말입니다.

# 스리라차 소스의 배신

스리라차 소스. 0kcal라고 표기되어 있는데 과연 정말로 0kcal일까요? 스리라차 소스는 달지 않으면서도 매콤한 매력이 있어 전 세계적으로 인기 있는 베트남풍의 핫소스입니다. 우리나라에서는 다이어트 식단에 많이 응용되고 있는데요. 특히 닭가슴살을 너무 많이 먹어서 질렸을 때 스리라차 소스를 곁들여 먹는 경우가 많죠. 이렇듯 다이어트 레시피에 많이 응용되는 이유는 칼로리가 낮다고 알려졌기 때문입니다.

스리라차 소스의 영양성분 표기를 보면 1회 제공량인 1숟가락당 0kcal로 표기된 것을 확인할 수 있습니다. 하지만 고춧가루, 식초, 설탕, 소금 등으로 만들어진 스리라차 소스가 0kcal일 수 없습니다. 고춧가루는 1g당 2.81kcal[*], 설탕은 4kcal의 열량을 가지고 있으니 말이죠. 스리라차 소스는 100g당 10g의 설탕을 함유하고 있으며, 열량은 79kcal입니다. 1회 제공량인 1숟가락(5g)의 칼로리는 4kcal 정도인데[28], 식품 영양성분 표기법상 1회 제공량 칼로리가 5kcal를 넘지 않으면 0kcal라고 표기할 수 있어서 0kcal로 표기되고 있을 뿐입니다.

5g당 4kcal는 같은 양의 초고추장이 12kcal인 것에 비하면 낮다고 할 수 있지만, 케첩에 비교해보면 그리 낮은 칼로리는 아닙니다. 일반 케첩은 5g에 5.5kcal, 하프 케첩은 4kcal, 노슈가 케첩은 2kcal 정도이니 말이죠.[**] 따라서 초고추장 대신 스리라차 소스를 선택한다면 몰라도, 케첩 대신 스리라차 소스를 선택하는 것은 큰 의미가 없는 것입니다.

[*] 미국 농무부 기준.

[**] 100g당 스리라차 소스 79kcal, 일반 케첩 111kcal, 하프 케첩(오뚜기) 80kcal, 노슈가 케첩(하인즈) 36kcal.

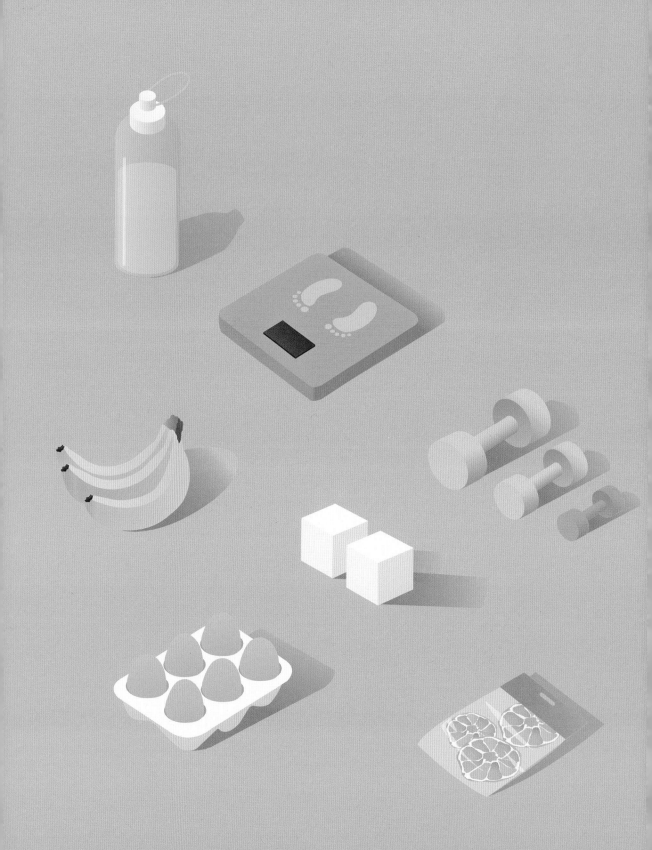

다 이 어 트  도 마 의
간 단  레 시 피  4 0 선

# 레시피편

**[일러두기]**

– 모든 레시피는 1인분 기준입니다.

– 각 재료의 양은 사용한 재료를 직접 측정하여 표기했습니다.

– 레시피에 표기된 칼로리는 농촌진흥청의 '국가표준식품성분
  표 제9개정판'을 참고했습니다.

# 두부 크림 리소토

284kcal

부드러운 두부 크림과 표고버섯이 만났어요.
칼로리는 낮으면서 단백질은 풍부해요.

## 🧂 재료

양파 1/2개(100g)     27kcal

표고버섯 8개(200g)     36kcal

볶음용 물 적당량

다진 마늘 1/2큰술(10g)     12kcal

물 1컵(250ml)

즉석밥 1/4개(53g)     78kcal

간장 1큰술(5g)     5kcal

소금 약간

후추 약간

파마산 치즈가루 두 꼬집(1g)     4kcal

다진 생파슬리 한 꼬집(3g)     1kcal

**• 두부 크림**

두부 1/4모(125g)     121kcal

물 4큰술

## 🍳 미리 준비하기

- 양파는 잘게 다집니다.
- 표고버섯의 갓은 잘게 다지고, 버섯 대는 질기므로 좀 더 잘게 다집니다.
  - ➕ 표고버섯은 물에 씻으면 향이 사라질 수 있으니 가볍게 이물질만 털어 주는 것이 좋아요.
- 두부 크림 재료를 블렌더에 갈아 두부 크림을 만들어둡니다.

## 📷 만드는 법

❶ 팬에 양파와 표고버섯을 넣고 중불에서 충분히 볶습니다. 중간중간 볶음용 물을 조금씩 부어가며 팬에 눌어붙은 것을 녹입니다.

tip 기름을 사용하지 않고 물을 조금씩 부어가며 팬에 눌어붙은 것을 녹여주면(데글레이즈) 버섯과 양파의 풍미가 살아나요.

❷ 양파가 갈색으로 변하면 다진 마늘을 넣고 볶습니다.

❸ 마늘이 익으면 물 1컵, 즉석밥을 넣고 섞은 뒤 끓입니다.

❹ 물이 거의 졸아들면 두부 크림과 간장을 넣고 잘 섞으며 볶은 뒤, 소금과 후추로 간을 합니다. 그다음 불을 끄고 파마산 치즈가루와 다진 생파슬리를 뿌리면 완성입니다.

tip 생파슬리가 없으면 쪽파를 송송 썰어 넣어도 좋아요.

# 치즈 버섯 리소토

**233kcal**

제 요리에 자주 등장하는 재료 중 하나인 버섯.
맛있고, 건강에도 좋고, 많이 먹어도 OK!

## ⚖ 재료

양파 1/2개(100g)                          27kcal

표고버섯 8개(200g)                        36kcal

볶음용 물 적당량

곤약면 200g                               16kcal

즉석밥 1/4개(53g)                         78kcal

물 1컵(250ml)

치킨스톡 1큰술(12g)                       10kcal

슬라이스 치즈 1장                         65kcal

다진 생파슬리 한 꼬집(3g)                 1kcal

## 👍 미리 준비하기

• 양파는 잘게 다집니다.

• 표고버섯 갓의 절반은 잘게 다
  지고, 절반은 큼직하게 다져
  식감을 살립니다. 버섯 대는
  질기므로 잘게 다집니다.

• 곤약면을 밥알 크기로 잘게 다
  집니다.

## 📷 만드는 법

① 팬에 양파와 표고버섯을 넣고 중불에
서 충분히 볶습니다. 중간중간 볶음용
물을 조금씩 부어가며 팬에 눌어붙은
것을 녹입니다.

tip 기름을 사용하지 않고 물을 조금씩 부어가
며 팬에 눌어붙은 것을 녹여주면(데글레
이즈) 버섯과 양파의 풍미가 살아나요.

③ 물이 거의 졸아들면 불을 끄고 슬라이
스 치즈와 다진 생파슬리를 올린 뒤,
섞으면 완성입니다.

tip 생파슬리가 없으면 쪽파를 송송 썰어
넣어도 좋아요.

② 양파가 갈색으로 변하면 곤약면, 즉석
밥, 물 1컵, 치킨스톡을 넣고 섞은 뒤
끓입니다.

tip • 밥알을 뭉개면서 섞으면 리소토가 꾸
덕꾸덕해져요. 탱글한 식감은 버섯
과 곤약이 대신해주므로 밥알은 조금
뭉개져도 괜찮아요.

• 곤약면+즉석밥 조합 대신 시판 곤약
밥을 사용해도 좋아요.

# 우유 치즈 리소토

332kcal

파마산 치즈가루를 넣은 부드러운 우유 리소토.
다이어트 요리가 맞나 싶을 정도로 맛있어요.

## 재료

양파 1/4개(50g) 14kcal

새송이버섯 4개(305g) 64kcal

볶음용 물 적당량

물 1/2컵(125ml)

즉석밥 1/4개(53g) 78kcal

치킨스톡 1큰술(12g) 10kcal

우유 1/2컵(125ml) 85kcal

후추 약간

파마산 치즈가루 3큰술(20g) 80kcal

다진 생파슬리 한 꼬집(3g) 1kcal

## 미리 준비하기

• 양파는 잘게 다집니다.

• 새송이버섯은 토핑용으로 4~5조각을 크게 편썰기 하고, 나머지는 잘게 다집니다.

• 토핑용 새송이버섯은 노릇하게 구워둡니다.

## 만드는 법

팬에 양파와 다진 새송이버섯을 넣고 중불에서 볶습니다. 중간중간 볶음용 물을 조금씩 부어가며 팬에 눌어붙은 것을 녹입니다.

tip 기름을 사용하지 않고 물을 조금씩 부어가며 팬에 눌어붙은 것을 녹여주면(데글레이즈) 버섯과 양파의 풍미가 살아나요.

양파가 갈색으로 변하면 물 1/2컵, 즉석밥, 치킨스톡, 우유를 넣고 잘 섞은 뒤 끓입니다.

물이 거의 졸아들면 불을 끄고 후추, 파마산 치즈가루, 다진 생파슬리를 넣고 섞습니다.

tip 생파슬리가 없으면 쪽파를 송송 썰어 넣어도 좋아요.

리소토를 그릇에 담고 구워둔 토핑용 새송이버섯을 올리면 완성입니다.

# 무·콩나물밥 & 양념장

우·콩나물밥 269kcal  양념장 107kcal

무와 닭가슴살을 넣은 아삭아삭 콩나물밥.
밥솥 없이도 만들 수 있는 간단 레시피예요.

## 🍽 재료

| | |
|---|---|
| 닭가슴살 100g | 107kcal |
| 무 200g | 30kcal |
| 콩나물 크게 한 줌(150g) | 54kcal |
| 즉석밥 1/4개(53g) | 78kcal |

**• 양념장**

| | |
|---|---|
| 청양고추 1개(5g) | 2kcal |
| 다진 대파 3큰술(15g) | 3kcal |
| 다진 마늘 1/2큰술(10g) | 12kcal |
| 간장 4큰술(20g) | 20kcal |
| 고춧가루 1큰술(5g) | 16kcal |
| 참깨 1/3큰술(1.5g) | 9kcal |
| 참기름 1큰술(5g) | 45kcal |
| 후추 약간 | |

## 🥄 미리 준비하기

- 청양고추를 잘게 다집니다.
- 양념장 재료를 모두 섞어 양념
  장을 만들어둡니다.

## 📷 만드는 법

① 닭가슴살은 먹기 좋은 크기로 썰고, 무는 잘게 다집니다.

tip 무는 100g당 15kcal로 칼로리가 낮아서 다이어트 음식에 활용하기 좋아요.

② 팬에 닭가슴살과 무를 넣고 중불에서 노릇해질 때까지 볶습니다.

③ 무가 익으면 콩나물과 즉석밥을 넣고 볶습니다.

④ 콩나물의 숨이 죽고 잘 익으면 그릇에 옮겨 담은 뒤 양념장을 올리면 완성입니다.

# 피시소스 어죽

생선 없이 어죽과 비슷한 맛을 내보았어요.
든든한 한 끼 식사로도 충분하답니다.

## 🍳 재료

| | |
|---|---|
| 양파 1/4개(50g) | 14kcal |
| 청양고추 1개(5g) | 2kcal |
| 애호박 1/3개(100g) | 22kcal |
| 깻잎 10장(15g) | 7kcal |
| 부추 50g | 11kcal |
| 곤약면 200g | 16kcal |
| 피시소스 2큰술(12g) | 4kcal |
| 된장 1큰술(35g) | 68kcal |
| 고추장 1/3큰술(12g) | 26kcal |
| 볶음용 물 2큰술 | |
| 물 1컵(250ml) | |
| 들깻가루 1큰술(10g) | 53kcal |
| 즉석밥 1/4개(53g) | 78kcal |
| 다진 마늘 1큰술(20g) | 25kcal |
| 다진 대파 5큰술(25g) | 6kcal |

## 🥄 미리 준비하기

• 양파, 청양고추는 잘게 다집
  니다.
• 애호박, 깻잎은 적당한 두께로
  채 썹니다.
• 부추, 곤약면은 떠 먹기 좋은
  길이로 자릅니다.

## 📷 만드는 법

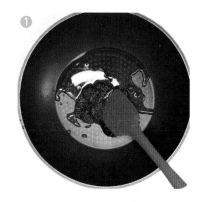

**①** 팬에 피시소스, 된장, 고추장, 볶음용
물 2큰술을 넣고 중불에서 5분 정도
볶습니다.

tip 피시소스는 생선의 감칠맛을 대신해요.
피시소스가 없다면 액젓과 국간장을
1:1 비율로 섞어서 사용해도 괜찮아요.
단 염도는 달라질 수 있으니 양을 적절
히 조절해요.

**②** 물이 없어지고 장이 뭉쳐지면 물 1컵,
들깻가루, 즉석밥, 다진 마늘, 곤약면
을 넣고 끓입니다.

**③** 국물이 끓어오르면 양파, 청양고추, 애
호박, 다진 대파를 넣고 5분 정도 더
끓입니다.

tip 좀 더 어죽 느낌을 내고 싶다면 기름을
짜낸 참치통조림 1/4개를 추가해도 좋
아요. 다만 맛에는 큰 차이가 없어요.

**④** 깻잎과 부추를 넣고 1분 정도 더 끓이
면 완성입니다.

tip 어죽을 그릇에 담은 뒤 취향에 따라 다
진 마늘을 1/2큰술 정도 넣어 먹어도 맛
있어요.

# 소시지 볶음밥

260kcal

다이어트 중 맛보기 어려운 소시지 볶음밥.
재료만 손질해두면 바쁜 아침에도 OK!

## 재료

| | |
|---|---|
| 당근 1/5개(20g) | 6kcal |
| 피망 1/2개(20g) | 4kcal |
| 비엔나소시지 1개(8g) | 23kcal |
| 곤약면 200g | 16kcal |
| 팽이버섯 1봉지(100g) | 20kcal |
| 다진 대파 2큰술(10g) | 2kcal |
| 다진 마늘 1/4큰술(5g) | 6kcal |
| 굴소스 1큰술(10g) | 22kcal |
| 간장 1큰술(5g) | 5kcal |
| 즉석밥 1/4개(53g) | 78kcal |
| 소금 약간 | |
| 후추 약간 | |
| 달걀 1개(50g) | 68kcal |
| 하프 케첩 1큰술(12g) | 10kcal |

## 미리 준비하기

- 당근, 피망, 비엔나소시지, 곤약면, 팽이버섯을 잘게 다집니다.
  - 곤약면, 팽이버섯은 밥알 역할을 하므로 좀 더 잘게 다지는 것이 좋아요.
  - 비엔나소시지는 제품마다 칼로리 차이가 크기 때문에 잘 확인하여 총 30kcal가 넘지 않도록 준비해주세요. 소시지는 향만 내면 되니까 많이 들어가지 않아도 괜찮아요.

## 만드는 법

① 팬에 손질한 재료들과 다진 대파, 다진 마늘, 굴소스, 간장, 즉석밥, 소금, 후추를 넣고 강불에서 5분 정도 볶습니다.

② 곤약면의 수분이 날아가 고슬고슬해지면 볶음밥을 팬 한쪽으로 밀고 빈곳에 달걀을 넣어 스크램블을 만든 뒤, 볶음밥과 섞어줍니다.

③ 볶음밥을 그릇에 담고 하프 케첩을 뿌리면 완성입니다.

# 두부 채소 비빔밥

286kcal

밥 대신 두부와 버섯으로 포만감을 높였어요.
가벼운 한 끼 식사로 간단히 만들어보세요.

## 🍚 재료

| | |
|---|---|
| 당근 1/4개(35g) | 11kcal |
| 양파 1/4개(50g) | 14kcal |
| 애호박 1/4개(70g) | 15kcal |
| 새송이버섯 1개(90g) | 19kcal |
| 소금 약간 | |
| 상추 110g | 22kcal |
| 두부 1/4모(125g) | 121kcal |
| 고추장 1/2큰술(17.5g) | 39kcal |
| 참기름 1큰술(5g) | 45kcal |

## 🍳 미리 준비하기

- 당근, 양파, 애호박은 얇게 채 썹니다.
- 새송이버섯은 식감을 살리기 위해 적당한 크기로 채 썹니다.

## 📷 만드는 법

❶ 팬에 당근, 양파, 애호박, 새송이버섯, 소금을 넣고 중불에서 3분 정도 볶습니다.

❷ 채소를 볶는 동안 상추를 먹기 좋은 크기로 잘라서 그릇에 담고, 두부를 넣어 으깨가며 버무립니다.

tip 자신이 원하는 칼로리와 단백질 섭취량에 맞춰 두부의 양을 조절해도 좋아요.

❸ 채소가 노릇하게 잘 익었으면 2번의 그릇에 담습니다.

❹ 고추장과 참기름을 넣고 비비면 완성입니다.

tip • 고추장과 참기름 대신 간장 또는 스리라차 소스를 넣어 먹어도 맛있어요.
- 달걀프라이를 곁들여도 맛있어요.

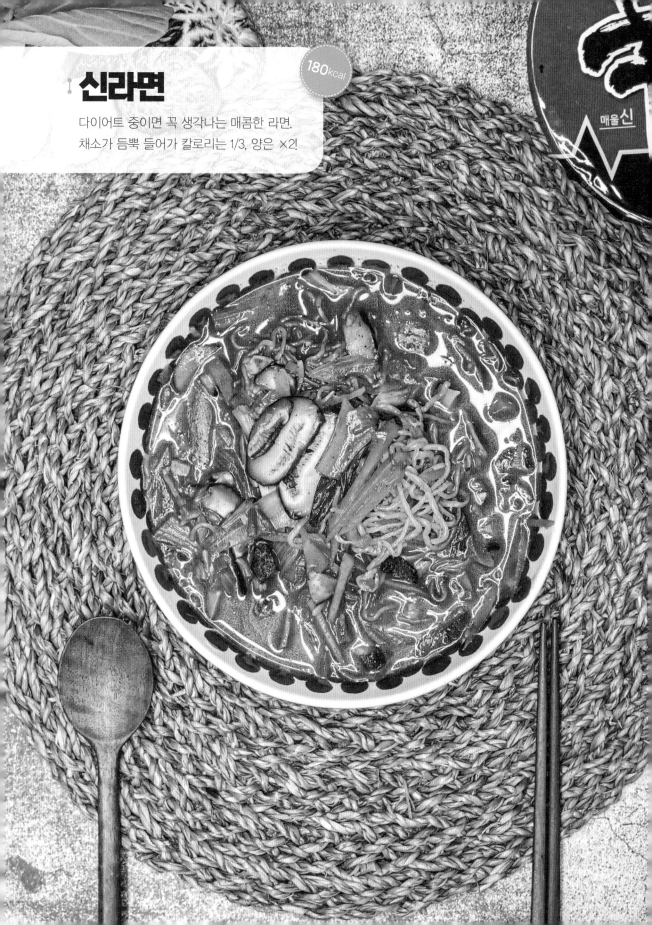

# 신라면

180kcal

다이어트 중이면 꼭 생각나는 매콤한 라면.
채소가 듬뿍 들어가 칼로리는 1/3, 양은 ×2!

매울신

## 🥘 재료

| | |
|---|---|
| 청경채 1개(40g) | 4kcal |
| 양파 1/4개(50g) | 14kcal |
| 당근 1/5개(20g) | 6kcal |
| 표고버섯 2개(50g) | 9kcal |
| 고추기름 1큰술(5g) | 45kcal |
| 고춧가루 1큰술(5g) | 16kcal |
| 다진 대파 3큰술(15g) | 3kcal |
| 다진 마늘 1/2큰술(10g) | 12kcal |
| 다진 생강 1/4큰술(3g) | 1kcal |
| 간장 1큰술(5g) | 5kcal |
| 된장 1/4큰술(5g) | 10kcal |
| 볶음용 물 2큰술 | |
| 곤약면 300g | 23kcal |
| 물 1컵(250ml) | |
| 다시다 1큰술(5g) | 15kcal |
| 소금 약간 | |
| 후추 약간 | |
| 전분물 | 17kcal |
| (감자전분 1작은술(5g)+물 2큰술) | |

## 👐 미리 준비하기

- 청경채는 한입 크기로 썰고, 양파, 당근, 표고버섯은 채 썹니다.

## 📷 만드는 법

① 냄비에 고추기름, 고춧가루, 다진 대파, 다진 마늘, 다진 생강을 넣고 약불에서 볶습니다.

② 대파의 숨이 죽으면 간장, 된장, 볶음용 물 2큰술을 넣고 살짝 볶습니다.

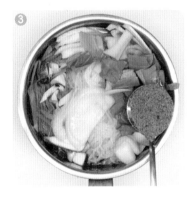

③ 청경채, 양파, 당근, 표고버섯, 곤약면, 물 1컵, 다시다를 넣고 채소의 숨이 죽을 때까지 끓입니다.

tip
- 사골 엑기스를 소량 넣거나, 물 대신 사골육수를 사용하면 시판 라면과 더욱 비슷한 맛이 나요.
- 다시다 대신 같은 양의 치킨스톡을 넣어도 좋아요. 다만 신라면이 소고기맛 베이스를 사용하기 때문에 다시다를 넣어야 맛이 좀 더 비슷해요.

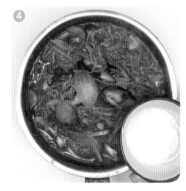

④ 소금, 후추로 간을 한 뒤, 전분물을 넣고 섞으면 완성입니다.

tip
- 간은 적당히 간간해야 시판 라면과 비슷한 맛이 나요.
- 전분물을 넣으면 국물이 살짝 걸쭉해져서 시판 라면과 좀 더 비슷해요.

# 참깨라면

248kcal

참깨의 고소함 때문에 자꾸 끌리는 참깨라면.
만들기도 쉽고, 인스턴트 라면보다 맛있어요.

## 🥄 재료

| | |
|---|---|
| 달걀 1개(50g) | 68kcal |
| 다진 마늘 1/2큰술(10g) | 12kcal |
| 고추기름 1큰술(5g) | 45kcal |
| 고춧가루 1/2큰술(2.5g) | 8kcal |
| 간장 1큰술(5g) | 5kcal |
| 물 1컵(250ml) | |
| 치킨스톡 1큰술(12g) | 10kcal |
| 곤약면 300g | 23kcal |
| 깨소금 1/2큰술(2.5g) | 14kcal |
| 다진 대파 1큰술(5g) | 1kcal |
| 전분물 | 17kcal |
| (감자전분 1작은술(5g)+물 2큰술) | |
| 소금 약간 | |
| 후추 약간 | |
| 참기름 1큰술(5g) | 45kcal |

## 👇 미리 준비하기

- 깨소금이 아닌 참깨일 경우에
  는 빻아서 준비합니다. 절구가
  없다면 손으로 비벼서 살짝 으
  깹니다.
- 달걀을 풀어 달걀물을 만들어
  둡니다.

## 📷 만드는 법

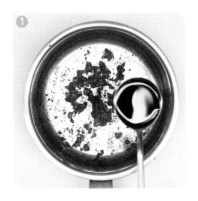

냄비에 다진 마늘, 고추기름, 고춧가루
를 넣고 약불에서 볶다가 마늘이 익으
면 간장을 넣고 좀 더 볶습니다.

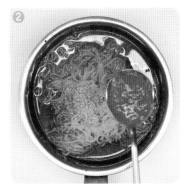

물 1컵, 치킨스톡, 곤약면, 깨소금을 넣
고 끓입니다.

국물이 한소끔 끓어오르면 다진 대파
와 전분물을 넣은 뒤, 소금과 후추로
간을 합니다.

tip
- 간은 적당히 간간해야 시판 라면과
  비슷한 맛이 나요.
- 전분물을 넣으면 국물이 살짝 걸쭉해
  져서 시판 라면과 좀 더 비슷해요.

참기름을 넣은 뒤, 달걀물이 뭉치지
않게 골고루 부어 약불로 익히면 완성
입니다.

tip 달걀물을 넣은 뒤 휘젓지 말고 그대로
익혀야 국물이 탁하지 않고 깔끔해요.

# 매콤 볶음면

194kcal

스트레스가 확 풀리는 매운맛 볶음면.
칼로리는 1/2, 양은 ×2, 풍부한 영양소까지!

## ⚖ 재료

빨강 파프리카 1/2개(50g) 13kcal
노랑 파프리카 1/2개(50g) 13kcal
피망 1개(40g) 9kcal
양파 1/4개(50g) 14kcal
고춧가루 1.5큰술(7.5g) 24kcal
카레가루 1/2큰술(3g) 12kcal
후추 약간
베트남고추 2개(0.5g) 2kcal
고추기름 1큰술(5g) 45kcal
다진 마늘 1/2큰술(10g) 12kcal
간장 1큰술(5g) 5kcal
볶음용 물 4큰술
물 1/3컵(80ml)
곤약면 400g 31kcal
치킨스톡 1큰술(12g) 10kcal
김가루 한 꼬집(0.5g) 1kcal
참깨 한 꼬집(0.5g) 3kcal

## 🍳 미리 준비하기

• 파프리카, 피망, 양파는 얇게
채 썹니다.
• 그릇에 고춧가루, 카레가루, 후
추, 반으로 자른 베트남고추를
넣고 섞어둡니다.

## 🍲 만드는 법

**①**

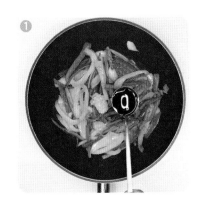

팬에 파프리카, 피망, 양파와 고추기름
을 넣고 중불에서 볶다가 양파의 숨이
죽으면 다진 마늘, 간장을 넣고 좀 더
볶습니다.

**②**

섞어둔 가루 재료와 볶음용 물 4큰술
을 넣고 약불에서 볶습니다.

tip 시판 불닭볶음면 소스를 사용해도 되지
만, 레시피대로 직접 소스를 만들면 시
판 소스보다 당분이 적어 다이어트에 도
움이 돼요.

**③**

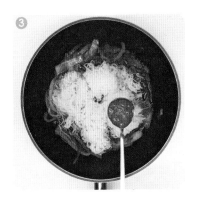

물이 졸아들고 살짝 눌어붙는 느낌이
나면 물 1/3컵, 곤약면, 치킨스톡을 넣
고 강불에서 볶습니다.

tip 재료를 볶을 때 매운 냄새가 강하게 나
므로 창문을 열거나 주방 후드를 켜고 볶
아주세요.

**④**

다시 물이 졸아들 때까지 볶은 뒤, 불
을 끄고 김가루와 참깨를 뿌리면 완성
입니다.

# 순두부 짬뽕

국물까지 다 먹어도 부담 없는 순두부 짬뽕.
닭가슴살과 순두부를 넣어 단백질도 풍부해요.

398kcal

## 🍱 재료

양파 1/4개(50g)      14kcal

당근 1/4개(35g)      11kcal

새송이버섯 1/2개(45g)    9kcal

청경채 2개(80g)      8kcal

닭가슴살 100g      107kcal

식용유 1큰술(5g)      45kcal

다진 대파 2큰술(10g)    2kcal

다진 마늘 1/2큰술(10g)   12kcal

간장 2큰술(10g)      10kcal

볶음용 물 적당량

고춧가루 2큰술(10g)    32kcal

물 1컵(250ml)

굴소스 1큰술(10g)     22kcal

곤약면 200g      16kcal

순두부 1/2팩(200g)    100kcal

숙주 한 줌(80g)      10kcal

맛소금 약간

후추 약간

## 👩‍🍳 미리 준비하기

• 양파, 당근, 새송이버섯은 채
  썹니다.
• 청경채와 닭가슴살은 먹기 좋
  은 크기로 썹니다.

## 📷 만드는 법

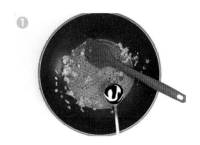

**①** 팬에 식용유, 다진 대파, 다진 마늘을 넣고 중불에서 볶다가 마늘이 익으면 간장을 넣고 좀 더 볶습니다.

**②** 간장이 졸아들면 닭가슴살을 넣고, 볶음용 물을 조금씩 넣어가며 닭고기 겉이 다 익을 때까지 볶습니다.

**tip** 기름을 최소한으로 사용하는 대신 물을 조금씩 넣어 재료가 타지 않도록 해요.

**③** 양파, 당근, 새송이버섯을 넣고 볶음용 물을 조금씩 넣어가며 양파의 숨이 죽을 때까지 볶습니다.

**④** 고춧가루, 볶음용 물 4큰술을 넣고 살짝 볶습니다.

**⑤** 물 1컵과 굴소스, 곤약면, 순두부를 넣고 끓입니다.

**⑥** 국물이 한소끔 끓어오르면 숙주, 청경채를 넣고 좀 더 끓인 뒤, 맛소금과 후추로 간을 하면 완성입니다.

**tip** 청양고추를 추가해도 좋아요.

# 잔치국수 & 양념장

뜨끈하면서 개운한 국물이 생각날 때!
잔치국수와 곤약면이 생각보다 잘 어울려요.

잔치국수
151kcal

양념장
94kcal

## 🍳 재료

당근 1/5개(20g)                 6kcal

양파 1/4개(50g)                 14kcal

새송이버섯 1개(90g)             19kcal

애호박 1/4개(70g)              15kcal

달걀 1개(50g)                   68kcal

볶음용 물 적당량

물 2컵(500ml)

곤약면 300g                     23kcal

다시팩 1개

피시소스 1큰술(6g)             2kcal

국간장 1큰술(5g)               4kcal

### • 양념장

청양고추 1개(5g)               2kcal

고춧가루 1/2큰술(2.5g)         8kcal

다진 마늘 1/2큰술(10g)         12kcal

참깨 1/3큰술(1.5g)             9kcal

간장 3큰술(15g)                15kcal

참기름 1큰술(5g)               45kcal

다진 대파 3큰술(15g)           3kcal

## 🥄 미리 준비하기

• 당근, 양파, 새송이버섯, 애호
  박은 채 썹니다.

• 달걀을 풀어 달걀물을 만들어
  둡니다.

• 청양고추는 잘게 다집니다.

## 📷 만드는 법

① 팬에 당근, 양파, 새송이버섯, 애호박을 넣고 볶음용 물을 조금씩 넣으며 중불에서 2분 정도 타지 않게 볶습니다.

② 채소가 노릇하게 익으면 물 2컵, 곤약면, 다시팩, 피시소스, 국간장을 넣고 10분 정도 끓입니다.

tip 시판용 다시팩이 없다면 물 대신 멸치 육수를 넣어도 좋아요.

③ 다시팩을 건져낸 뒤, 달걀물을 골고루 부어서 익히면 완성입니다.

tip 달걀물을 넣은 뒤 휘젓지 말고 그대로 익혀야 국물이 탁하지 않고 깔끔해요.

④ 양념장 재료를 그릇에 모두 넣고 섞은 뒤 잔치국수에 곁들입니다.

# 콩국수

210kcal

얼음 동동 띄운 시원한 우무묵 콩국수!
만드는 방법도 아주 간단해서 추천하는 메뉴예요.

## 🥄 재료

우무묵 400g      8kcal

오이 1/4개(50g)      7kcal

방울토마토 3개(50g)      13kcal

땅콩버터 1/3큰술(10g)      61kcal

두부 1/4모(125g)      121kcal

물 5큰술

소금 약간

## 📷 만드는법

우무묵을 적당한 두께로 채 썰어 흐르는 물에 씻은 뒤, 물기를 제거하고 그릇에 담습니다.

tip • 채 썰어져 나오는 '우무채'를 구입하면 좀 더 편리해요.

• 우무묵 대신 곤약면을 사용해도 좋아요.

오이는 얇게 채 썰고, 방울토마토는 적당한 크기로 자릅니다.

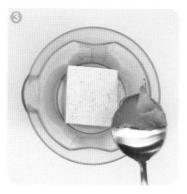

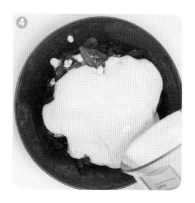

블렌더에 땅콩버터, 두부, 물 5큰술, 소금을 넣고 곱게 갑니다.

tip 물을 많이 넣으면 좀 더 쉽게 갈 수 있지만, 두부의 고소한 맛이 연해지므로 물은 조금만 넣어요.

우무묵 위에 3번의 소스를 붓고 방울토마토와 오이를 올리면 완성입니다.

# 크림 카레 우동

293kcal

매콤한 카레와 부드러운 두부 크림의 조화!
집에서도 부담 없이 즐겨보세요.

## ⚖ 재료

양파 1/2개(100g)　　　27kcal

당근 1/5개(20g)　　　　6kcal

새송이버섯 1/2개(45g)　9kcal

카레가루 3큰술(20g)　　80kcal

간장 1큰술(5g)　　　　5kcal

복음용 물 5큰술

물 1/2컵(125ml)

혼다시 1/2큰술(2g)　　5kcal

### • 면

곤약 400g　　　　　　40kcal

물 2컵(500ml)

소금 2큰술

식초 2큰술

### • 두부 크림

두부 1/4모(125g)　　121kcal

물 4큰술

소금 약간

## 🍳 미리 준비하기

• 두부 크림 재료를 블렌더에 모
두 넣고 갈아 두부 크림을 만
들고, 짤주머니에 담아둡니다.

　➕ 두부 크림을 담을 짤주머니가
　　없다면 지퍼백에 담고 모서리를
　　가위로 살짝 잘라서 사용해요.

• 양파, 당근, 새송이버섯은 채
썹니다.

## 📷 만드는 법

곤약을 우동면 굵기로 도톰하고 길게
썬 뒤, 냄비에 물 2컵, 소금, 식초를 넣
고 2분 정도 데쳐 물기를 제거합니다.

tip 곤약 특유의 냄새를 제거하는 과정이
　에요.

곤약면에 카레가루와 간장을 넣고 섞
은 뒤 재워둡니다.

tip 취향에 따라 후추를 추가해도 좋아요.

팬에 양파와 복음용 물 5큰술을 넣고
중불에서 복습니다.

양파가 갈색이 되면 물 1/2컵, 당근, 새
송이버섯, 혼다시를 넣고 끓입니다.

tip 혼다시가 없다면 쯔유 1큰술로 대체하
　고, 쯔유도 없다면 다시다 1/2큰술로 대
　체해도 괜찮아요.

물이 끓기 시작하면 2번에서 양념에
재워둔 곤약면을 넣고 국물이 거의 졸
아들 때까지 복습니다.

그릇에 카레 우동을 담고, 두부 크림
을 빙 둘러가며 올리면 완성입니다.

# 베트남 쌀국수

172kcal

라면만큼 만들기 쉬운 베트남 쌀국수.
곤약면이 쌀국수면과 식감이 비슷해서 어울려요.

## ⚖ 재료

양파 1/4개(50g)　　　　14kcal

청고추 1/2개(5g)　　　　2kcal

홍고추 1/2개(5g)　　　　4kcal

닭가슴살 100g　　　　107kcal

물 2컵(500ml)

치킨스톡 1큰술(12g)　　10kcal

피시소스 1큰술(6g)　　　2kcal

다진 생강 1/4큰술(3g)　　1kcal

곤약면 200g　　　　　16kcal

숙주 한 줌(80g)　　　　10kcal

다진 대파 2큰술(10g)　　2kcal

레몬즙 15ml　　　　　4kcal

## 🥄 미리 준비하기

• 양파는 최대한 얇게 채 썰고, 청고추와 홍고추는 어슷 썹니다.

• 닭가슴살은 빨리 익을 수 있도록 얇고 넓적하게 썹니다.

## 📷 만드는 법

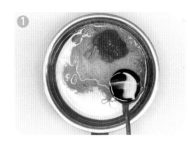

❶ 냄비에 물 2컵, 치킨스톡, 피시소스, 다진 생강, 곤약면을 넣고 끓입니다.

tip 피시소스가 없다면 액젓과 국간장을 1:1 비율로 섞어서 사용해도 괜찮아요. 단 염도는 달라질 수 있으니 양을 적절히 조절해요.

❷ 물이 끓으면 닭가슴살을 넣고 익힌 뒤 불을 끕니다.

tip 닭가슴살은 오래 익히면 질기므로 날것이 없을 정도로만 적당히 익혀요.

❸ 그릇에 양파와 숙주를 담습니다.

❹ 2번의 쌀국수를 붓습니다.

❺ 바닥에 깔린 양파와 숙주가 살짝 익으면 위로 올립니다.

❻ 다진 대파, 청고추, 홍고추를 올리고 레몬즙을 뿌리면 완성입니다.

tip 취향에 따라 고수를 추가해도 맛있어요.

# 팟타이

**340**kcal

다이어트 때문에 볶음 요리를 포기할 순 없죠.
맛도 모양도 팟타이와 정말 비슷해요.

## 🍚 재료

| | |
|---|---|
| 양파 1/4개(50g) | 14kcal |
| 당근 1/4개(35g) | 11kcal |
| 대파 10cm(30g) | 7kcal |
| 새송이버섯 1/2개(50g) | 9kcal |
| 닭가슴살 100g | 107kcal |
| 식용유 1큰술(5g) | 45kcal |
| 다진 마늘 1/2큰술(10g) | 12kcal |
| 피시소스 3큰술(15g) | 6kcal |
| 곤약면 200g | 16kcal |
| 간장 1큰술(5g) | 5kcal |
| 굴소스 1큰술(10g) | 22kcal |
| 달걀 1개(50g) | 68kcal |
| 숙주 한 줌(80g) | 10kcal |
| 소금 약간 | |
| 레몬즙 30ml | 8kcal |

## 🍳 미리 준비하기

- 양파, 당근은 얇게 채 썰고, 대파는 2등분한 다음 세로로 얇게 채 썹니다.
- 새송이버섯, 닭가슴살은 적당한 두께로 채 썹니다.

## 🍴 만드는 법

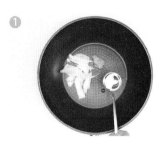

팬에 식용유를 두르고 양파, 다진 마늘을 넣고 중불에서 볶습니다.

양파가 익으면 닭가슴살과 피시소스를 넣고 볶습니다.

tip 닭가슴살 대신 새우를 넣어도 좋아요. 큰 새우를 기준으로 6마리면 100g 정도예요.

닭가슴살이 익으면 당근, 새송이버섯, 곤약면, 간장, 굴소스를 넣고 1분 정도 볶습니다.

tip 매운맛을 원하면 청양고추나 베트남고추를 조금 넣어도 좋아요.

재료를 팬 한쪽으로 밀고 빈곳에 달걀을 넣어 스크램블을 만듭니다.

숙주와 대파를 넣고 전체적으로 볶습니다.

소금으로 간을 한 뒤, 레몬즙을 뿌리면 완성입니다.

# 야끼소바

283kcal

집에서 쉽게 즐기는 야끼소바 레시피.
밀가루 면보다 곤약면이 더 잘 어울려요.

## 🥄 재료

양파 1/4개(50g)     14kcal

당근 1/5개(20g)     6kcal

피망 1개(40g)     9kcal

양배추 200g     66kcal

식용유 1큰술(5g)     45kcal

달걀 1개(50g)     68kcal

가쓰오부시 두 꼬집(2g)     7kcal

### • 면

곤약면 200g     16kcal

간장 1큰술(5g)     5kcal

굴소스 1큰술(10g)     22kcal

우스터소스 2큰술(12g)     9kcal

하프 케첩 1큰술(12g)     10kcal

혼다시 1/2큰술(2g)     5kcal

다진 생강 1/4큰술(3g)     1kcal

## 🥄 미리 준비하기

- 양파, 당근, 피망은 적당한 두께로 채 썹니다.
- 양배추는 한입 크기로 썹니다.
- 그릇에 면 재료를 모두 넣고 잘 섞어 곤약면을 양념에 재워 둡니다.
  - ➕ 양념을 시판 야끼소바 소스로 대체해도 괜찮지만, 야끼소바 소스보다 우스터소스와 굴소스가 좀 더 활용도가 높으므로 직접 만들어 먹는 것을 추천해요.

## 🍳 만드는 법

❶ 팬에 식용유, 양파, 당근, 피망, 양배추를 넣고 섞은 뒤 강불에서 볶습니다.

tip 재료들을 계속 뒤적이며 볶지 말고 한면씩 노릇하게 익힌다는 느낌으로 볶아주세요.

❷ 채소들이 적당히 익으면 양념에 재워둔 곤약면을 넣고 2분 정도 볶습니다.

❸ 팬 가운데에 빈 공간을 만들어 달걀을 넣고 뚜껑을 덮은 채 약불에서 2분 정도 익힙니다.

❹ 흰자가 익으면 접시에 담은 뒤, 가쓰오부시를 골고루 뿌리면 완성입니다.

tip 마요네즈를 곁들이면 좀 더 맛있지만, 마요네즈는 칼로리가 높으므로 꼭 넣고 싶다면 하프 마요네즈를 반 큰술 이하로 넣어주세요.

# 미소 라면

289kcal

초! 초! 초! 간단 미소 라면 레시피.
다양한 버섯을 듬뿍 넣어 포만감을 더했어요.

## 🥄 재료

표고버섯 2개(50g)          9kcal

양송이버섯 2개(40g)        6kcal

새송이버섯 1/2개(45g)      9kcal

팽이버섯 1/2개(50g)        10kcal

두부 1/4모(125g)          121kcal

마른 미역 한 꼬집(2g)       3kcal

물 2컵(500ml)

혼다시 1/4큰술(1g)         2kcal

다진 대파 1큰술(5g)        1kcal

### • 면

곤약면 200g              16kcal

물 1/2컵(125ml)

미소된장 크게 1큰술(60g)  112kcal

## 🍲 미리 준비하기

- 그릇에 면 재료를 모두 넣고 잘 섞어 곤약면을 양념에 재워 둡니다.
- 표고버섯, 양송이버섯, 새송이 버섯은 채 썰고, 팽이버섯은 반으로 자릅니다.
- 두부는 적당한 크기로 썹니다.
- 미역은 물에 불려둡니다.

## 🍳 만드는 법

냄비에 물 2컵과 표고버섯을 넣고 끓입니다.

표고버섯이 우러나 물이 연한 갈색이 되면 양송이버섯, 새송이버섯, 팽이버섯, 두부, 미역, 혼다시, 양념에 재워둔 곤약면을 넣고 한소끔 끓입니다.

국물이 한소끔 끓어오르면 다진 대파를 넣고 10초 정도 더 끓이면 완성입니다.

tip 미소된장은 너무 오래 끓이면 특유의 향이 날아갈 수 있으므로 너무 오래 끓이지 마세요.

# 탄탄면

땅콩버터를 넣은 저탄고지 탄탄면 레시피!
지마장 없이도 집에서 간단하게 만들어 먹어요.

284kcal

청경채 2개(80g)     8kcal
물 1/3~1/2컵(100ml)
곤약면 300g     23kcal
간장 2큰술(10g)     10kcal
치킨스톡 1큰술(12g)     10kcal
베트남고추 2개(0.5g)     2kcal
땅콩버터 1큰술(30g)     183kcal
다진 생강 1/4큰술(3g)     1kcal
다진 대파 2큰술(10g)     2kcal
고추기름 1큰술(5g)     45kcal

🥄 미리 준비하기

• 청경채는 적당한 크기로 썹니다.

📷 만드는 법

❶

냄비에 물 1/3~1/2컵, 곤약면, 간장, 치킨스톡, 베트남고추, 땅콩버터, 다진 생강을 넣고 끓입니다.

tip • 베트남고추 대신 청양고추를 넣어도 맛있어요.

• 땅콩버터는 대부분 지방과 단백질로 이루어져 있어 다이어트 음식에 활용해도 괜찮지만, 칼로리가 높은 만큼 과량 섭취하지 않도록 조심해요.

❷

국물이 따뜻해지면 덩어리진 땅콩버터를 숟가락으로 풀어서 녹인 뒤, 5분 정도 더 끓입니다.

❸

청경채와 다진 대파를 넣고 1분 정도 더 끓입니다.

❹

그릇에 탄탄면을 담은 뒤, 고추기름을 뿌리면 완성입니다.

# 가지 토마토 파스타

293kcal

파스타 면 대신 가지를 넣어보았어요.
부드럽게 녹는 크리미한 식감이 고급스러워요.

## 🍲 재료

가지 3개(300g) 57kcal

새송이버섯 1개(90g) 19kcal

양파 1/2개(50g) 14kcal

닭가슴살 100g 107kcal

방울토마토 10개(160g) 40kcal

다진 마늘 1/2큰술(10g) 12kcal

피시소스 3큰술(18g) 6kcal

물 1/2컵(125ml)

파마산 치즈가루 2큰술(10g) 38kcal

## 🥄 미리 준비하기

- 필러로 가지 껍질을 벗깁니다.
  - ➕ 가지 껍질은 요리의 색을 검게
    만들기도 하고, 식감이 미끌거
    려 요리 전 제거하는 것이 좋
    아요.

- 가지, 새송이버섯은 파스타 면
  처럼 길쭉하게 썰고, 양파는
  채 썹니다.
- 닭가슴살은 한입 크기로 썰
  고, 방울토마토는 반으로 자
  릅니다.

## 📷 만드는 법

팬에 가지, 새송이버섯, 양파, 방울토마토, 다진 마늘, 피시소스를 넣습니다.

tip
- 피시소스는 엔초비 대신 넣었어요. 만약 엔초비가 있다면 1/2~1조각 정도 넣어도 좋아요.
- 피시소스가 없다면 액젓과 국간장을 1:1 비율로 섞어서 사용해도 괜찮아요. 단 염도는 달라질 수 있으니 양을 적절히 조절해요.

물 1/2컵을 넣고 뚜껑을 덮은 뒤, 강불에서 3분 정도 끓입니다.

중불로 낮춘 뒤 뚜껑을 열고 2분 정도 볶다가, 닭가슴살을 넣고 2분 더 볶습니다.

닭가슴살이 익으면 불을 끈 뒤, 파마산 치즈가루를 넣고 골고루 섞으면 완성입니다.

# 갈릭 버터 파스타

284kcal

다이어트 음식이라고는 믿기지 않는 맛!
마늘과 버터의 깊은 풍미를 느낄 수 있어요.

## 재료

브로콜리 1/2송이(130g)　42kcal

볶음용 물 8큰술

소금 약간

다진 마늘 1/2큰술(10g)　12kcal

다진 대파 2큰술(10g)　2kcal

버터 2×2×2cm(15g)　114kcal

전분물　17kcal
(감자전분 1작은술(5g)+물 3큰술)

파마산 치즈가루 2큰술(10g)　38kcal

### • 면

곤약면 300g　23kcal

간장 2큰술(10g)　10kcal

굴소스 1큰술(10g)　22kcal

우스터소스 1큰술(6g)　4kcal

## 미리 준비하기

- 브로콜리는 세로로 길게 썹니다.
- 그릇에 면 재료를 모두 넣고 잘 섞어 곤약면을 양념에 재워 둡니다.

## 만드는 법

①

팬에 브로콜리, 볶음용 물 4큰술, 소금을 넣고 뚜껑을 덮은 뒤, 강불에서 1분 정도 익히다가 한 번 뒤집고 1분 더 익힙니다.

②

볶음용 물 4큰술, 다진 마늘, 다진 대파를 넣고 버터는 반 잘라 넣어 버터가 녹을 때까지 볶습니다.

③

양념에 재워둔 곤약면을 넣고 2분 정도 볶습니다.

④

불을 끄고 전분물과 남은 버터를 넣어 버터가 녹을 때까지 섞은 뒤, 접시에 담아 파마산 치즈가루를 뿌리면 완성입니다.

tip
- 버터는 두 번에 나누어 넣어야 풍미가 살아나요.
- 전분물은 면수 대신 파스타의 농도를 맞춰주는 역할을 해요.

# 땅콩 크림 파스타

255kcal

고소하고 크리미한 땅콩 크림 파스타!
가지로 면을 만들어 새로운 맛을 느낄 수 있어요.

## 🫕 재료

양파 1/2개(50g)     14kcal

새송이버섯 2개(180g)     38kcal

가지 2개(200g)     38kcal

물 1/3컵(80ml)

소금 약간

후추 약간

레몬즙 15ml     4kcal

### • 땅콩 크림 소스

빨강 파프리카 1/2개(50g)     13kcal

우유 100ml     65kcal

땅콩버터 1/3큰술(10g)     61kcal

간장 1큰술(5g)     5kcal

감자전분 1작은술(5g)     17kcal

## 🫳 미리 준비하기

• 양파, 새송이버섯, 가지는 길쭉
하게 채 썹니다.

• 파프리카 겉면을 불에 구워 까
맣게 태운 뒤, 탄 부분을 흐르는
물에 살살 문질러 씻어둡니다.

➕ 파프리카 대신 훈제 파프리카 파
우더 1/2작은술을 넣으면 좀 더
훈연향이 나서 맛있어요. 둘 중
구하기 쉬운 재료를 사용해요.

• 블렌더에 땅콩 크림 소스 재료
를 모두 넣고 곱게 갈아 소스
를 만들어둡니다.

## 📷 만드는 법

❶ 팬 바닥에 양파를 넓게 깔고 그 위에
새송이버섯, 가지 순으로 넣은 뒤, 뚜껑
을 덮고 중불에서 3분 정도 익힙니다.

❷ 뚜껑을 열고 물 1/3컵을 넣은 뒤, 팬
에 눌어붙은 것을 잘 녹여줍니다.

tip 기름을 사용하지 않고 물을 부어 팬에 눌
어붙은 것을 녹여주면(데글레이즈) 양
파의 풍미가 살아나요.

❸ 만들어둔 땅콩 크림 소스를 넣고 소금
으로 간을 한 뒤 볶습니다.

❹ 국물이 거의 졸아들면 불을 끈 뒤, 후
추와 레몬즙을 뿌리면 완성입니다.

tip 레몬즙이 없다면 식초 1/2큰술을 넣어도
괜찮아요.

# 봉골레 파스타

271kcal

삼시세끼 먹어도 부담 없는 봉골레 파스타.
복잡한 과정이 필요 없는 초간단 레시피!

## 🍳 재료

올리브유 1큰술(5g) · 45kcal

다진 마늘 1/2큰술(10g) · 12kcal

바지락 400g(조갯살 200g) · 146kcal

곤약면 300g · 23kcal

페페론치노 2개(0.5g) · 2kcal

화이트와인 1/2컵(125ml) · 7kcal

전분물 · 17kcal
(감자전분 1작은술(5g)+물 2큰술)

소금 약간

파마산 치즈가루 1큰술(5g) · 19kcal

※화이트와인은 125ml에 103kcal인
데, 도수가 11도이고 알코올을 다
증발시킨다는 조건으로 96kcal를
빼고 7kcal로 측정했어요.

※화이트와인은 달지 않은 것으로
준비해주세요.

## 🥄 미리 준비하기

• 바지락은 소금물에 담가 검은
비닐봉지로 덮어 어둡게 만든
뒤, 2~3시간 해감해줍니다.

## 📷 만드는 법

❶ 팬에 올리브유, 다진 마늘, 바지락, 곤
약면, 페페론치노, 화이트와인을 넣고
잘 섞습니다.

tip • 페페론치노 대신 베트남고추를 넣어
도 괜찮아요.
• 페페론치노는 부숴서 넣어야 매운맛
이 살아나요.

❷ 뚜껑을 덮고 중불에서 2분 정도 끓입
니다.

❸ 바지락의 입이 벌어지면 재료를 팬 한
쪽으로 몰아놓은 뒤, 국물에 전분물을
붓고 잘 섞습니다.

tip 전분물은 면수 대신 파스타의 농도를 맞
춰주는 역할을 해요.

❹ 국물이 거의 졸아들 때까지 5분 정도
볶은 뒤, 소금으로 간을 합니다. 그다
음 그릇에 담고 파마산 치즈가루를 뿌
리면 완성입니다.

# 닭가슴살 비빔물냉면

**316**kcal

매콤, 새콤, 달콤한 맛의 시원한 비빔물냉면!
한번 맛보면 자꾸 생각나는 맛이에요.

## 🍳 재료

닭가슴살 100g　　　　107kcal

양파 1/4개(50g)　　　　14kcal

오이 1/2개(100g)　　　　14kcal

빨강 파프리카 1/2개(50g)　13kcal

당근 1/5개(20g)　　　　6kcal

곤약면 200g　　　　　16kcal

참기름 1큰술(5g)　　　　45kcal

### • 매콤 양념

깨소금 2큰술(12g)　　　67kcal

다이어트 콜라 작은 캔 1개(190ml)

맛소금 1/2큰술

후추 약간

식초 4큰술

피시소스 3큰술(18g)　　　6kcal

다진 마늘 1/2큰술(10g)　　12kcal

고춧가루 1큰술(5g)　　　16kcal

## 🥄 미리 준비하기

- 깨소금이 아닌 참깨일 경우에 는 빻아줍니다. 절구가 없다면 손으로 비벼서 살짝 으깹니다.

- 매콤 양념 재료를 모두 섞어 매콤 양념을 만들어둡니다.

## 📷 만드는 법

❶

닭가슴살은 10분 정도 삶은 뒤 잘게 찢고, 양파, 오이, 파프리카, 당근은 얇 게 채 썹니다.

❷

만들어둔 매콤 양념에 곤약면을 넣고 먹기 좋은 길이로 자릅니다.

❸

1번의 재료들을 넣고 섞은 뒤, 5~10분 정도 냉장고에 재워둡니다.

tip 5~10분 정도 상온이나 냉장고에 재워 두었다가 먹으면 재료에 맛이 배어 더 맛있어요.

❹
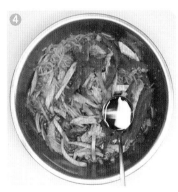

참기름을 넣고 잘 섞으면 완성입니다.

# 포두부 비빔면

포두부에 두부 크림을 올린 저탄고단 요리.
매콤한 맛, 순한 맛! 취향대로 즐겨보세요.

매콤한 맛
383kcal

순한 맛
352kcal

## 🕰 재료

[매콤한 맛]

오이 1/4개(50g)      7kcal

양파 1/4개(50g)      14kcal

포두부 32×25cm 2장(70g)   169kcal

**• 매콤 양념**

다이어트 콜라 6큰술(30ml)

간장 2큰술(10g)      10kcal

식초 2큰술

고추기름 1큰술(5g)      45kcal

고춧가루 1/2큰술(2.5g)    8kcal

다진 마늘 1/3큰술(7g)    9kcal

소금 약간

미원 약간

**• 두부 크림**

두부 1/4모(125g)      121kcal

물 4큰술

소금 약간

## 🥄 미리 준비하기

• 두부 크림 재료를 블렌더에 갈아 두부 크림을 만들어둡니다.

## 📷 만드는 법

❶

오이, 양파는 얇게 채 썰고, 포두부는 적당한 두께로 길게 썰어 면을 만듭니다.

tip 포두부는 살짝 데쳐서 찬물에 헹군 뒤 사용하면 식감이 더욱 촉촉하고 부드러워요. 꼬들꼬들한 식감을 좋아하는 분들은 데치지 않고 그냥 사용해도 좋아요.

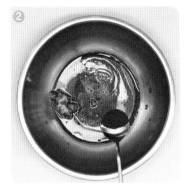

❷

볼에 매콤 양념 재료를 모두 넣고 섞습니다.

❸

매콤 양념에 양파, 포두부를 넣고 섞은 뒤 5~10분간 재워둡니다.

❹

양념에 재워둔 포두부 비빔면을 그릇에 담고, 두부 크림과 오이를 올리면 완성입니다.

tip 두부 크림과 면을 완전히 섞지 말고, 면에 두부 크림을 얹어 먹으면 더 맛있어요.

## 🕳 재료

[순한 맛]

| | |
|---|---|
| 오이 1/4개(50g) | 7kcal |
| 포두부 32×25cm 2장(70g) | 169kcal |

**· 두부 크림**

| | |
|---|---|
| 두부 1/4모(125g) | 121kcal |
| 간장 2큰술(10g) | 10kcal |
| 참기름 1큰술(5g) | 45kcal |
| 물 2큰술 | |
| 소금 약간 | |

## 📷 만드는 법

오이는 얇게 채 썰고, 포두부는 적당한 두께로 길게 썰어 면을 만듭니다.

tip 포두부는 살짝 데쳐서 찬물에 헹군 뒤 사용하면 식감이 더욱 촉촉하고 부드러워요. 꼬들꼬들한 식감을 좋아하는 분들은 데치지 않고 그냥 사용해도 좋아요.

블렌더에 두부 크림 재료를 모두 넣고 갈아 두부 크림을 만듭니다.

포두부를 그릇에 담고, 두부 크림과 오이를 올리면 완성입니다.

tip • 골고루 잘 비벼서 드셔야 맛있어요.
   • 오이 대신 양상추나 로메인을 곁들이면 샐러드 메뉴로도 응용 가능해요.

# 포두부 만두

263kcal

## 재료 (8개 분량)

| | |
|---|---|
| 포두부 11×11cm 8장(55g) | 133kcal |
| 알배추 1/4개(170g) | 20kcal |
| 절임용 소금 약간 | |
| 부추 크게 한 줌(110g) | 24kcal |
| 곤약면 200g | 16kcal |
| 달걀 1/2개(25g) | 34kcal |
| 다진 마늘 1큰술(20g) | 25kcal |
| 다진 생강 1/3큰술(3g) | 1kcal |
| 다시다 1큰술(5g) | 10kcal |
| 후추 약간 | |

## 미리 준비하기

- 포두부는 크기가 클 경우 11×11cm 크기로 8장을 잘라둡니다.
- 알배추는 잘게 다진 뒤, 절임용 소금을 살짝 뿌리고 조물조물 버무려 절여둡니다.
- 부추, 곤약면은 잘게 다집니다.
- 달걀을 풀어 달걀물을 만들어둡니다.

볼에 부추, 곤약면, 다진 마늘, 다진 생강, 다시다, 후추를 넣고, 절인 알배추의 물기를 꽉 짜서 넣은 뒤 잘 섞습니다.

포두부를 마름모 모양으로 두고 가운데에 1번의 만두소를 올린 뒤, 위쪽 모서리에 달걀물을 1/2큰술 바릅니다. 그다음 포두부 모서리를 양옆–아래 순으로 편지봉투처럼 접습니다.

포두부가 풀리지 않게 가운데를 엄지로 고정하고, 검지와 중지로 만두소를 안쪽으로 밀어 넣으면서 위쪽으로 돌돌 맙니다. 그다음 달군 팬에 달걀물 바른 면이 아래로 가게 올립니다.

같은 방법으로 8개를 모두 만든 뒤, 약불에서 3분 정도 만두의 양면을 골고루 익히면 완성입니다.

tip 간장을 곁들이면 더욱 맛있어요.

# 게살 수프

233kcal

크래미로 만드는 고급스러운 게살 수프.
영양 가득, 한 그릇이면 속이 든든해져요.

## 🍲 재료

당근 1/5개(20g)

양파 1/4개(50g)

표고버섯 1개(25g)

팽이버섯 1/2개(50g)

크래미 2개(70g)

곤약면 200g

달걀 1개(50g)

물 2컵(500ml)

치킨스톡 1큰술(12g)

다진 생강 1/4큰술(3g)

간장 1/2큰술(2.5g)

소금 약간

다진 대파 2큰술(10g)

전분물
(감자전분 1작은술(5g)+물 3큰술)

참기름 1/3큰술(2g)

## 🍳 미리 준비하기

- 당근, 양파, 표고버섯은 얇게 채 썹니다.

- 팽이버섯, 크래미는 떠먹기 좋은 길이로 자른 뒤 잘게 찢습니다.
  - ➕ 크래미는 인스턴트 식품이지만 100g당 90kcal로 칼로리가 낮은 편이고, 단백질(명태살) 위주로 구성되어 다이어트 음식에 활용해도 괜찮아요.

- 곤약면은 떠먹기 좋은 길이로 자릅니다.

- 달걀을 풀어 달걀물을 만들어 둡니다.

## 🍳 만드는 법

❶ 냄비에 물 2컵, 치킨스톡, 다진 생강, 간장, 소금, 표고버섯, 곤약면을 넣고 중불에서 3분 정도 끓입니다.

❷ 당근, 양파, 팽이버섯, 크래미, 다진 대파를 넣고 3분 더 끓입니다.

❸ 전분물을 넣고 섞습니다.

❹ 달걀물을 골고루 부은 뒤 약불에서 익힙니다. 달걀이 익으면 그릇에 담고 참기름을 두르면 완성입니다.

tip 달걀물을 넣은 뒤 휘젓지 말고 그대로 익혀야 국물이 탁하지 않고 깔끔해요.

# 토마토 수프

294kcal

몸과 마음까지 따뜻해지는 토마토 수프.
정통 레시피는 아니지만 충분히 맛있어요.

## 📞 재료

토마토 3개(450g)　　　86kcal

양파 1/2개(100g)　　　27kcal

당근 1/4개(35g)　　　11kcal

물 1컵(250ml)

치킨스톡 1큰술(12g)　　10kcal

올리브유 1큰술(5g)　　45kcal

다진 마늘 1/3큰술(7g)　　9kcal

생바질 2~3잎(10g)　　　2kcal

소금 약간

후추 약간

빵가루 2큰술(9g)　　　36kcal

달걀 1개(50g)　　　68kcal

## 📷 만드는 법

토마토, 양파, 당근의 겉면을 불에 골고루 굽습니다.

tip 토마토 꼭지는 버리지 말고 잘 두었다가 채수를 우려낼 때 넣으면 토마토의 향이 더욱 진해져요.

냄비에 1번의 채소들을 넣고 채수가 잘 우러나도록 가위로 자릅니다.

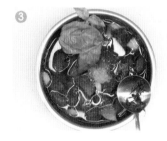

토마토 꼭지, 물 1컵, 치킨스톡, 올리브유, 다진 마늘, 생바질을 넣고 약불에서 20분 정도 끓입니다.

tip 생바질이 없다면 같은 양의 생파슬리 또는 바질가루 1g으로 대체해도 좋아요.

채소들이 푹 익으면 토마토 꼭지를 건져내고 불을 끈 뒤, 핸드블렌더로 곱게 갑니다.

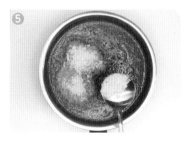

소금, 후추, 빵가루를 넣고 섞습니다.

tip 빵가루가 없다면 식빵 1/4장을 잘게 갈아 넣어도 좋아요.

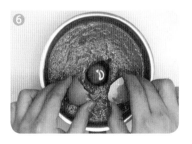

달걀을 넣고 뚜껑을 덮은 뒤, 약불에서 3분 정도 끓이면 완성입니다.

# 토마토 달걀탕

271kcal

한번 맛보면 계속 생각나는 맛이에요.
재료도 간단하고 칼로리도 낮아서 추천해요.

## 🍲 재료

| | |
|---|---|
| 토마토 2개(300g) | 57kcal |
| 곤약면 300g | 23kcal |
| 달걀 2개(100g) | 135kcal |
| 소금 약간 | |
| 식용유 1큰술(5g) | 45kcal |
| 치킨스톡 1큰술(12g) | 10kcal |
| 물 1컵(250ml) | |

## 🥄 미리 준비하기

• 토마토, 곤약면은 떠먹기 좋은
  크기로 썹니다.

• 달걀을 풀어 달걀물을 만들고,
  소금으로 살짝 간을 합니다.

## 📷 만드는 법

❶ 팬에 식용유 1/2큰술을 두르고 달걀물
의 70%를 부어 스크램블을 만든 뒤,
그릇에 담아둡니다.

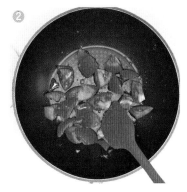

❷ 남은 식용유 1/2큰술을 두르고 토마토
를 넣은 뒤, 중불에서 볶습니다.

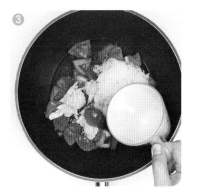

❸ 토마토가 익어 단단한 느낌이 사라지
면 스크램블, 곤약면, 치킨스톡, 물 1컵
을 넣고 2분 정도 끓입니다.

❹ 소금으로 간을 한 뒤, 1번에서 남겨둔
달걀물을 골고루 붓고 살짝 끓이면 완
성입니다.

tip • 달걀물을 넣은 뒤 휘젓지 말고 그대로
익혀야 국물이 탁하지 않고 깔끔해요.

• 취향에 따라 후추를 뿌려 먹어도 맛
있어요.

# 닭개장

얼큰한 닭개장으로 부담 없이 든든한 한 끼!
물이 두 번 끓는 시간이면 완성돼요.

218kcal

## 🧫 재료

느타리버섯 한 줌(70g)  13kcal

양파 1/4개(50g)  14kcal

닭가슴살 50g  54kcal

대파 1/2개(40g)  9kcal

고사리 작게 한 줌(40g)  8kcal

소금 약간

후추 약간

곤약면 100g  8kcal

데치기용 물 1컵(250ml)

식용유 1큰술(5g)  45kcal

고춧가루 1큰술(5g)  16kcal

다진 마늘 1/2큰술(10g)  12kcal

치킨스톡 1큰술(12g)  10kcal

물 1컵(250ml)

숙주 한 줌(80g)  10kcal

### • 채소 밑간

국간장 1.5큰술(8g)  7kcal

맛술 1큰술(8g)  12kcal

소금 약간

## 🥄 미리 준비하기

- 느타리버섯은 먹기 좋은 크기로 찢습니다.
- 양파, 닭가슴살은 적당한 두께로 채 썹니다.
- 대파, 고사리는 먹기 좋은 길이로 자릅니다.
- 닭가슴살은 소금, 후추를 뿌려 밑간을 해둡니다.

## 📷 만드는 법

❶ 냄비에 느타리버섯, 양파, 대파, 고사리, 곤약면, 데치기용 물 1컵을 넣고 2분 정도 데칩니다. 그다음 그릇에 재료를 건진 뒤, 채소 밑간 재료를 모두 넣고 잘 섞어 재워둡니다.

tip 대파는 많이 넣을수록 맛있어요.

❷ 팬에 식용유, 고춧가루, 다진 마늘을 넣고 약불에서 볶습니다.

❸ 마늘이 익으면 치킨스톡과 밑간해둔 1번의 재료, 물 1컵을 넣고 잘 섞은 뒤 한소끔 끓입니다.

❹ 숙주와 밑간한 닭가슴살을 넣고 2분 정도 끓이면 완성입니다.

tip • 풍부한 채소와 곤약면을 넣어 포만감을 높였어요. 만약 한 끼 식사로 조금 부족하다면 닭가슴살의 양을 줄이고, 즉석밥을 최대 1/2개 정도 추가해서 먹어도 좋아요.
• 취향에 따라 후추를 넣어도 맛있어요.

# 고추장찌개

407kcal

밋밋한 다이어트 식단에 지친 분들에게 추천해요.
탄수화물 · 단백질 · 지방의 균형도 잘 맞는답니다.

## 🝢 재료

| | |
|---|---|
| 양파 1/4개(50g) | 14kcal |
| 애호박 1/4개(70g) | 15kcal |
| 새송이버섯 1개(90g) | 19kcal |
| 느타리버섯 한 줌(70g) | 13kcal |
| 대파 1/2개(40g) | 9kcal |
| 청양고추 1개(5g) | 2kcal |
| 닭가슴살 100g | 107kcal |
| 방울토마토 5개(손질 후 67g) | 17kcal |
| 다진 마늘 1/2큰술(10g) | 12kcal |
| 고춧가루 1큰술(5g) | 16kcal |
| 참기름 1/2큰술(2.5g) | 23kcal |
| 볶음용 물 적당량 | |
| 고추장 1큰술(35g) | 77kcal |
| 물 1컵(250㎖) | |
| 즉석밥 1/4개(53g) | 78kcal |
| 소금 약간 | |
| 후추 약간 | |

### • 닭가슴살 밑간

| | |
|---|---|
| 간장 1큰술(5g) | 5kcal |
| 후추 약간 | |

## 👐 미리 준비하기

- 양파는 얇게 채 썹니다.
- 애호박, 새송이버섯, 느타리버섯, 대파, 청양고추, 닭가슴살은 한입 크기로 작게 썹니다.
- 방울토마토는 반으로 자른 뒤 즙은 짜서 버립니다.
  - ➕ 방울토마토는 설탕 대신 단맛을 내기 위해 넣어요. 즙은 신맛이 있어 짜내고 사용해요.
- 닭가슴살에 밑간 재료를 넣고 재워둡니다.

## 📷 만드는 법

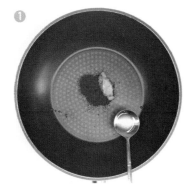

**①** 팬에 다진 마늘, 고춧가루, 참기름을 넣고 약불에서 살짝 볶습니다.

**②** 마늘이 익으면 볶음용 물 4큰술, 고추장, 방울토마토를 넣고 중불에서 볶습니다.

**③** 재료가 타지 않도록 볶음용 물을 조금씩 부으며 볶다가, 방울토마토의 단단함이 사라지고 흐물흐물하게 익으면 물 1컵, 즉석밥을 넣고 강불에서 끓입니다.

tip 밥을 따로 먹기보다는 찌개에 함께 넣고 끓이면 양 조절하기도 용이하고, 포만감도 더할 수 있어요.

**④** 국물이 한소끔 끓어오르면 손질해둔 모든 재료를 넣고 소금과 후추로 간을 한 뒤, 뚜껑을 덮고 3~4분 정도 끓이면 완성입니다.

# 부대찌개

레시피 개발하는 데 많은 공을 들인 부대찌개!
비엔나소시지 6개로 부대찌개의 맛을 내보았어요.

299kcal

## 🝰 재료

| | |
|---|---|
| 양파 1/4개(50g) | 14kcal |
| 당근 1/5개(20g) | 6kcal |
| 새송이버섯 1개(90g) | 19kcal |
| 대파 1개(80g) | 18kcal |
| 비엔나소시지 6개(48g) | 137kcal |
| 곤약면 200g | 16kcal |
| 김치 1.5큰술(70g) | 18kcal |
| 고춧가루 1큰술(5g) | 16kcal |
| 다진 마늘 1/2큰술(10g) | 12kcal |
| 물 1/2컵(125ml) | |
| 굴소스 1큰술(10g) | 22kcal |
| 간장 1큰술(5g) | 5kcal |
| 물 1.5컵(375ml) | |
| 소금 약간 | |
| 후추 약간 | |
| 미원 약간 | |
| 슬라이스 치즈 1/4개 | 16kcal |
| 식초 1/2큰술 | |

## 🥄 미리 준비하기

- 양파, 당근, 새송이버섯은 얇게 채 썹니다.
- 대파는 흰 부분은 잘게 다지고, 나머지 부분은 떠먹기 좋은 길이로 자릅니다.
- 비엔나소시지는 맛이 잘 우러나도록 잘게 으깹니다. 소시지를 반으로 자른 뒤 칼등으로 누르거나, 비닐봉지에 담아 그릇으로 누르면 잘 으깨집니다.
- 곤약면은 떠먹기 좋은 길이로 잘라둡니다.
- 김치는 잘게 다집니다.

## 📷 만드는법

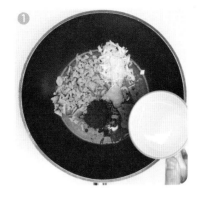

❶ 팬에 비엔나소시지와 다진 대파(흰 부분), 고춧가루, 다진 마늘, 물 1/2컵을 넣고 강불에서 물이 거의 졸아들 때까지 볶습니다.

tip 비엔나소시지에서 나오는 기름에 대파와 고춧가루를 충분히 볶아야 소시지 맛이 잘 우러나요.

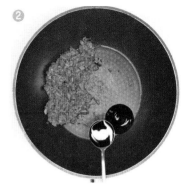

❷ 재료를 팬 한쪽으로 몰고 빈곳에 굴소스, 간장을 넣고 중불에서 살짝 태우듯이 볶습니다.

❸ 김치, 물 1.5컵, 양파, 당근, 새송이버섯, 대파, 곤약면, 소금, 후추, 미원을 넣고 섞은 뒤, 뚜껑을 덮고 10분 정도 끓입니다.

tip • 소시지 양이 적으므로 미원(msg)을 따로 첨가해야 좀 더 맛있어요.
- 부대찌개는 오래 끓여 채소와 소시지에서 맛이 우러나와야 더 맛있어요.

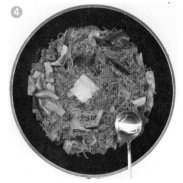

❹ 뚜껑을 열고 강불에서 5분 정도 끓이다가 국물이 거의 졸아들면, 소금으로 간을 하고 슬라이스 치즈와 식초를 넣고 섞으면 완성입니다.

tip • 국물이 너무 많으면 소시지 맛도 옅어지므로 적다 싶을 정도로 졸여주세요.
- 식초는 느끼할 수 있는 부대찌개 맛을 개운하게 해주어요. 만약 김치가 시큼하다면 식초는 생략해도 괜찮아요.

# 마라탕

265kcal

요즘 대중적으로 사랑받는 메뉴인 마라탕!
얼얼한 맛은 덜하지만, 이국적인 맛이 느껴져요.

## 🍲 재료

| | |
|---|---|
| 양파 1/4개(50g) | 14kcal |
| 당근 1/4개(35g) | 11kcal |
| 새송이버섯 1개(90g) | 19kcal |
| 팽이버섯 1/2봉지(50g) | 10kcal |
| 청경채 1개(40g) | 4kcal |
| 가지 1개(100g) | 19kcal |
| 라오간마(라조장) 1큰술(20g) | 141kcal |
| 간장 2큰술(10g) | 10kcal |
| 다시다 1큰술(5g) | 15kcal |
| 물 1/2컵(125ml) | |
| 숙주 한 줌(80g) | 10kcal |
| 후추 약간 | |
| 다진 마늘 1/2큰술(10g) | 12kcal |

## 👐 미리 준비하기

- 양파, 당근, 새송이버섯은 채 썹니다.
- 팽이버섯, 청경채는 먹기 좋은 길이로 자릅니다.
- 가지는 세로로 4등분 한 뒤 먹기 좋은 길이로 자릅니다.

## 📷 만드는 법

①

②

팬에 양파, 당근, 새송이버섯, 팽이버섯, 가지, 라오간마, 간장, 다시다, 물 1/2컵을 넣고 잘 섞은 뒤, 뚜껑을 덮고 강불에서 3분 정도 끓입니다.

tip
- 물을 너무 많이 넣으면 각종 조미료의 양도 함께 늘어나면서 칼로리가 높아져요. 물은 부족하다 싶을 정도로 적게 넣는 것이 좋아요.
- 양이 부족하다면 순두부나 포두부를 적당량 추가해도 맛있어요.

뚜껑을 열고 청경채와 숙주를 넣은 뒤 1분 정도 볶습니다.

③

불을 끄고 후추, 다진 마늘을 넣으면 완성입니다.

tip
- 백후추를 사용하면 좀 더 맛있어요.
- 마라풍미유를 조금 넣으면 얼얼한 마라탕 맛을 즐길 수 있어요. 식자재 마트 또는 인터넷에 '마라풍미유'라고 검색하면 구입할 수 있어요.

# 모둠 버섯 볶음

185kcal

맛도 포만감도 만족스러웠던 다이어트 레시피!
야식으로 먹어도 부담 없어요.

## 🥄 재료

표고버섯(갓) 6개(130g)    23kcal

팽이버섯 1/2개(50g)    10kcal

새송이버섯 1개(90g)    19kcal

청경채 2개(80g)    8kcal

식용유 1큰술(5g)    45kcal

다진 대파 3큰술(15g)    3kcal

다진 마늘 1/2큰술(10g)    12kcal

다진 생강 1/4큰술(3g)    1kcal

베트남고추 2개(0.5g)    2kcal

간장 1큰술(5g)    5kcal

굴소스 1큰술(10g)    22kcal

물 1/2컵(125ml)

곤약면 200g    16kcal

숙주 한 줌(80g)    10kcal

소금 약간

후추 약간

참기름 약간(1g)    9kcal

## 🍲 미리 준비하기

- 표고버섯은 버섯 대를 제거한 뒤, 끓는 물에 10분 정도 데쳐 먹기 좋게 편썰기 합니다. 칼을 눕혀서 비스듬히 자르면 식감이 훨씬 좋아져요.
  - ➕ 표고버섯을 물에 데쳐서 사용하면 표고버섯 특유의 강한 향도 줄일 수 있고, 버섯이 물을 머금어서 식감이 더욱 야들야들해져요.
- 팽이버섯, 새송이버섯, 청경채는 취향에 따라서 원하는 크기로 썹니다.

## 📷 만드는 법

①

팬에 식용유를 두르고 다진 대파, 다진 마늘, 다진 생강, 베트남고추를 넣어 약불에서 볶습니다.

tip 취향에 따라 베트남고추 대신 청양고추를 사용해도 좋아요.

②

대파의 숨이 죽으면 간장과 굴소스를 넣고 살짝 볶은 뒤, 물 1/2컵을 넣고 강불에서 잘 볶습니다.

③

물이 끓어오르면 표고버섯, 팽이버섯, 새송이버섯, 곤약면을 넣고 버섯의 숨이 죽을 때까지 끓입니다.

④

숙주와 청경채를 넣고 1분 정도 볶은 뒤, 소금과 후추로 간을 합니다.

⑤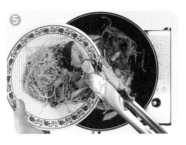

건더기를 건져서 그릇에 담고 소스만 3분 정도 더 졸입니다.

tip 전분물을 넣지 않는 대신 소스를 따로 졸여서 걸쭉하게 만들었어요.

⑥

불을 끄고 소스에 참기름을 넣은 뒤, 그릇에 담아놓은 버섯볶음 위에 뿌리면 완성입니다.

# 콩나물 닭 불고기

콩불 282kcal  쌈무 48kcal

다이어트 콜라로 칼로리를 낮춘 고단백 콩불.
쌈무까지 곁들이면 너무너무 맛있어요!

## ⚖ 재료

**• 쌈무**

무 200g ⋯⋯⋯⋯⋯⋯⋯ 30kcal

다이어트 콜라 큰 캔 1개(250ml)

맛소금 1큰술

식초 3큰술

연와사비 1/3큰술(5g) ⋯⋯ 18kcal

**• 콩나물 닭 불고기**

닭가슴살 100g ⋯⋯⋯⋯ 107kcal

방울토마토 5개(손질 후 67g) 17kcal

대파 5cm(30g) ⋯⋯⋯⋯⋯ 7kcal

양파 1/4개(50g) ⋯⋯⋯⋯ 14kcal

간장 5큰술(25g) ⋯⋯⋯⋯ 25kcal

고춧가루 2큰술(10g) ⋯⋯ 32kcal

다진 마늘 1큰술(20g) ⋯⋯ 25kcal

다진 생강 1/4큰술(3g) ⋯⋯ 1kcal

후추 약간

다이어트 콜라 10큰술(50ml)

콩나물 크게 한 줌(150g) ⋯ 54kcal

## 🥄 미리 준비하기

- 쌈무를 만들 무는 채칼로 얇고 넓적하게 자릅니다.
- 닭가슴살은 빨리 익을 수 있도록 얇게 썹니다.
- 방울토마토는 반으로 자른 뒤 즙은 짜서 버립니다.
- 대파는 가늘고 길게 채를 썹니다.

## 📷 만드는 법

쌈무

지퍼백 또는 비닐봉지에 분량의 쌈무 재료를 모두 넣고 잘 섞은 뒤, 냉장고에 반나절~하루 정도 재워둡니다.

**tip** 쌈무는 먹기 하루 전 만들어서 냉장 보관해주세요.

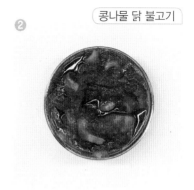

콩나물 닭 불고기

블렌더에 방울토마토, 양파, 간장, 고춧가루, 다진 마늘, 다진 생강, 후추, 다이어트 콜라를 넣고 갈아 양념을 만든 뒤, 닭가슴살을 넣고 잘 버무려 5분 정도 재워둡니다.

팬 바닥에 콩나물을 넓게 깔고 양념에 재워둔 닭가슴살과 대파를 올린 뒤, 뚜껑을 덮고 중불에서 5분 정도 익힙니다.

뚜껑을 열고 2분 정도 볶으면 완성입니다.

# 마파두부

363kcal

밥 없이도 배부르고 맛있는 마파두부입니다.
부드러운 연두부와 매콤한 양념이 잘 어울려요.

## 🍲 재료

양파 1/4개(50g)　　　　14kcal

당근 1/5개(20g)　　　　6kcal

빨강 파프리카 1/2개(50g)　13kcal

연두부 1개(300g)　　　　186kcal

고추기름 1큰술(5g)　　　45kcal

다진 대파 6큰술(30g)　　7kcal

다진 마늘 1/4큰술(5g)　　6kcal

다진 생강 1/4큰술(3g)　　1kcal

곤약면 200g　　　　　　16kcal

소금 약간

볶음용 물 4큰술

전분물　　　　　　　　17kcal

(감자전분 1작은술(5g)+물 2큰술)

### • 양념

두반장 1큰술(23g)　　　25kcal

굴소스 1큰술(10g)　　　22kcal

간장 1큰술(5g)　　　　5kcal

물 2큰술

## 🥄 미리 준비하기

• 양파, 당근, 파프리카는 잘게 다집니다.

• 연두부는 적당한 크기로 깍둑 썰기 합니다.

• 그릇에 양념 재료를 모두 넣고 섞어 양념을 만들어둡니다.

## 📷 만드는 법

❶

팬에 고추기름, 다진 대파, 다진 마늘, 다진 생강을 넣고 약불에서 볶다가, 마늘이 익으면 만들어둔 양념을 넣고 3분 정도 볶습니다.

tip 두반장은 잘 볶아야 맛이 살아나므로 약불에서 충분히 볶아주세요.

❷

양파, 당근, 파프리카, 곤약면, 소금을 넣고 강불에서 볶습니다.

❸

양파가 익어 투명해지면 연두부와 볶음용 물 4큰술을 넣은 뒤, 연두부가 부서지지 않도록 살살 섞습니다.

❹

전분물을 넣고 섞으면 완성입니다.

239kcal

# 달걀볶이

크리미하고 부드러운 달걀볶이입니다.
재료도 간단해서 출출할 때 만들어 먹기 좋아요.

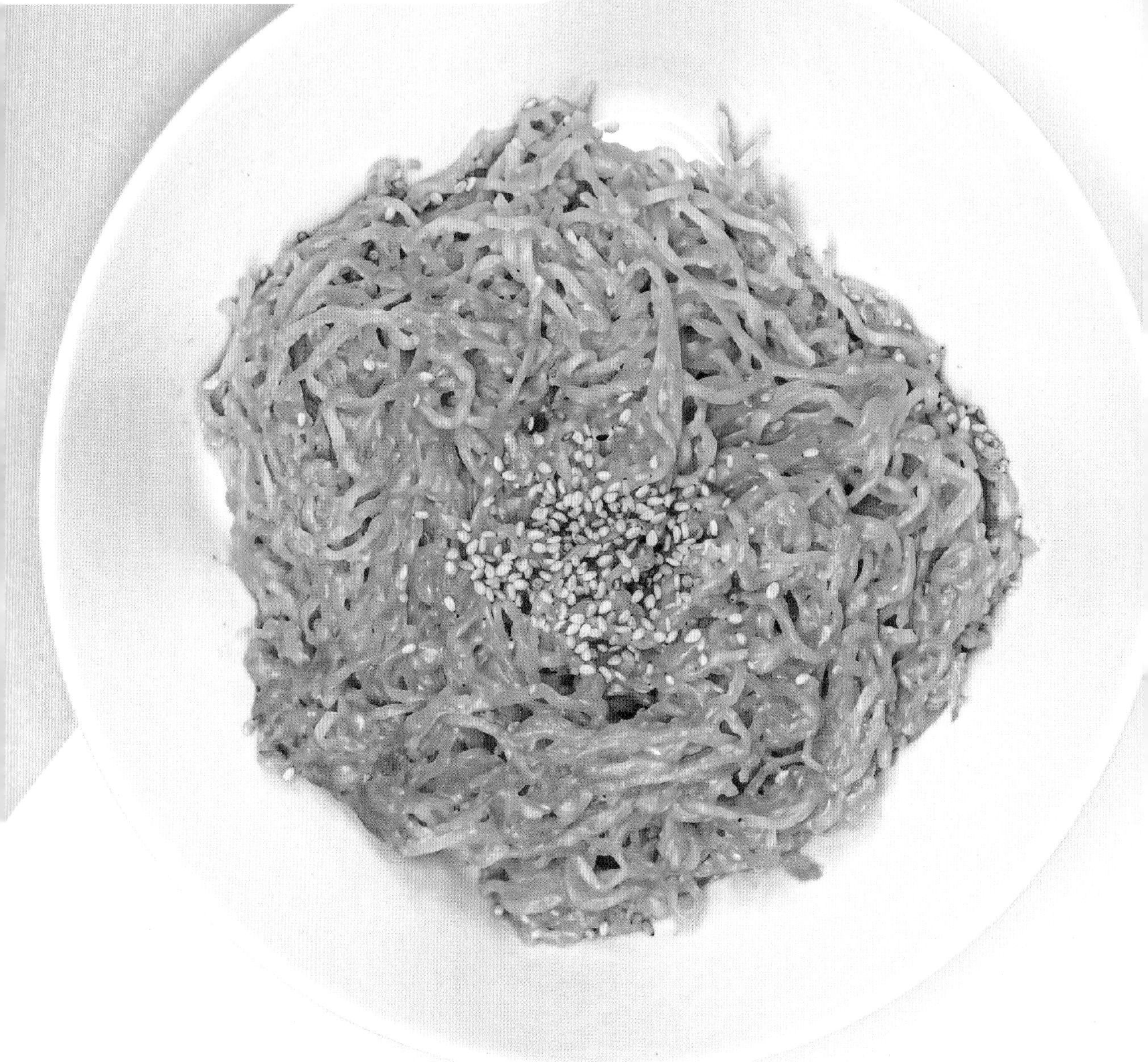

🔖 재료

곤약면 400g      31kcal

전분물      17kcal

(감자전분 1작은술(5g)+물 2큰술)

간장 2큰술(10g)      10kcal

참기름 1큰술(5g)      45kcal

달걀 2개(100g)      136kcal

소금 약간

🥄 미리 준비하기

• 곤약면은 먹기 좋은 길이로 자릅니다.

📷 만드는 법

① 그릇에 전분물, 간장, 참기름, 달걀을 넣고 잘 섞습니다.

② 팬에 곤약면을 넣고 소금을 뿌린 뒤, 뚜껑을 덮고 그대로 강불에서 3분 정도 익힙니다.

③ 불을 끄고 곤약면을 팬 바닥에 넓게 편 뒤, 10초 후 '치익' 하는 소리가 잦아들면 1번의 달걀 양념을 골고루 붓습니다.

④ 다시 불을 켜고 강불에서 10초 정도 볶으면서 수분을 날려 크리미한 질감이 되면 완성입니다.

# 김치치즈볶이

한국인이 좋아하는 김치와 치즈의 만남!
냉장고에 있는 재료로 간단하게 만들어보세요.

218kcal

## 🥘 재료

김치 4큰술(140g)    35kcal

곤약면 400g    31kcal

소금 약간

슬라이스 치즈 2장    130kcal

### • 양념

감자전분 1작은술(5g)    17kcal

간장 1큰술(5g)    5kcal

물 2큰술

## 🥄 미리 준비하기

• 김치는 잘게 다집니다.

• 곤약면은 먹기 좋은 길이로 자릅니다.

• 그릇에 양념 재료를 모두 넣고 섞어 양념을 만들어둡니다.

## 📷 만드는 법

❶ 팬 바닥에 김치를 넓게 깔고 곤약면, 소금을 넣은 뒤, 뚜껑을 덮고 강불에서 4분 정도 익힙니다.

❷ 김치 익는 냄새가 나면 불을 끈 뒤, 슬라이스 치즈와 만들어둔 양념을 넣고 잘 섞습니다.

❸ 다시 불을 켜고 강불에서 30초 정도 볶아 꾸덕꾸덕해지면 완성입니다.

# 순대 없는 순대볶음

순대는 안 들어갔지만 순대볶음과 비슷한 맛이 나요!
영양가도 높고 포만감도 오래가는 들깨도 넣었답니다.

250kcal

깻잎 5장(8g)                    4kcal

곤약면 400g                    31kcal

고춧가루 1큰술(5g)            16kcal

들깻가루 3큰술(30g)          158kcal

간장 1큰술(5g)                  5kcal

피시소스 1큰술(6g)            2kcal

다진 마늘 1/2큰술(10g)      12kcal

굴소스 1큰술(10g)            22kcal

물 5큰술

## ♨ 미리 준비하기

• 깻잎은 적당한 두께로 채 썹니다.

• 곤약면은 먹기 좋은 길이로 자릅니다.

## 📷 만드는법

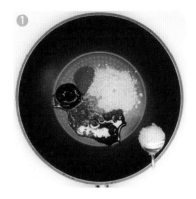
❶

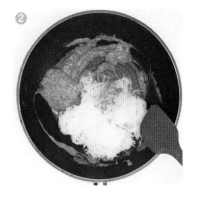
❷

팬에 고춧가루, 들깻가루, 간장, 피시소스, 다진 마늘, 굴소스, 물 5큰술을 넣고 섞습니다.

곤약면을 넣고 잘 섞습니다.

tip • 들깨는 아몬드와 칼로리 및 영양성분이 비슷해요. 포만감과 영양가도 높아 다이어트 요리에 응용하기 좋아요.

• 피시소스가 없다면 액젓과 국간장을 1:1 비율로 섞어서 사용해도 좋아요. 단 염도는 달라질 수 있으니 양을 적절히 조절해요.

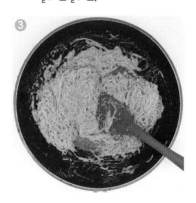
❸

❹

강불에서 수분이 날아가 포슬포슬해질 때까지 5분 이상 볶습니다.

깻잎을 넣고 10초 정도 볶으면 완성입니다.

# 닭가슴살 냉채

244kcal

알싸한 겨자 맛이 매력적인 닭가슴살 냉채!
풍부한 채소와 곤약면으로 포만감을 더했어요.

## ♨ 재료

방울토마토 5개(80g)  20kcal

양파 1/4개(50g)  14kcal

당근 1/4개(35g)  11kcal

오이 1/4개(50g)  7kcal

양배추채 한 줌(50g)  17kcal

곤약면 300g  23kcal

닭가슴살 100g  107kcal

**• 냉채 양념**

간장 6큰술(30g)  30kcal

식초 4큰술

다이어트 콜라 12큰술(60ml)

연겨자 1/2큰술(5g)  15kcal

## 👐 미리 준비하기

• 방울토마토는 3~4등분 합니다.

• 양파, 당근, 오이, 양배추는 얇
  게 채 썹니다.

  ➕ 양배추를 썰 때는 채칼을 사용
    하여 최대한 얇게 썰어주면 좋
    아요.

• 곤약면은 먹기 좋은 길이로 자
  릅니다.

## 📷 만드는 법

닭가슴살을 끓는 물에 10분 정도 삶고
식힌 뒤, 먹기 좋은 크기로 채 썹니다.

그릇에 냉채 양념 재료를 모두 넣고
섞습니다.

그릇에 방울토마토, 양파, 당근, 오이,
양배추, 곤약면, 닭가슴살을 예쁘게 올
린 뒤, 2번의 냉채 양념을 골고루 부으
면 완성입니다.

tip 재료를 양념에 잘 버무린 뒤 5~10분간
냉장 보관했다가 먹으면 더욱 맛있어요.

# 감바스

327 kcal

웬만한 레스토랑보다 맛있는 감바스 레시피!
홈파티 음식으로 만들어도 손색이 없어요.

## ⚖ 재료

새우 12마리(200g)    196kcal

소금 약간

양송이버섯 8개(80g)    12kcal

방울토마토 7개(100g)    25kcal

곤약면 200g    16kcal

피시소스 1큰술(6g)    2kcal

다진 마늘 1/2큰술(10g)    12kcal

올리브유 1큰술(5g)    45kcal

페페론치노 2개(0.5g)    2kcal

전분물    17kcal

(감자전분 1작은술(5g)+물 2큰술)

## 🥄 미리 준비하기

• 새우는 소금을 살짝 뿌려 밑간
  을 해둡니다.

• 양송이버섯, 방울토마토는 먹
  기 좋은 크기로 썹니다.

• 곤약면은 먹기 좋은 길이로 자
  릅니다.

## 🍳 만드는 법

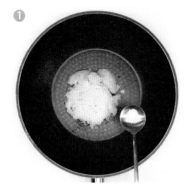

❶ 팬에 곤약면, 소금, 피시소스, 다진 마늘, 올리브유를 넣고 잘 섞어 5분 정도 재워둡니다.

tip 피시소스 대신 엔초비를 한 조각 정도 넣어도 맛있어요.

❷ 새우를 넣고 강불에서 볶습니다.

❸ 마늘이 익으면 양송이버섯, 방울토마토, 페페론치노를 넣고 섞은 뒤, 뚜껑을 덮어 중불에서 2분 정도 익힙니다.

tip 페페론치노는 부숴서 넣어야 매운맛이 살아나요.

❹ 뚜껑을 열고 소금으로 간을 한 뒤, 전분물을 부어 잘 섞으면 완성입니다.

## 참고 문헌

1) 전혜영 기자, "가파르게 늘어나는 고도비만 인구… '지금이 골든 타임, 치료 시급'", 〈헬스조선〉, 2021.03.03.

2) Christopher D. Gardner, et al. (2018). Effect of Low-Fat vs Low-Carbohydrate Diet on 12-Month Weight Loss in Overweight Adults and the Association With Genotype Pattern or Insulin Secretion The DIETFITS Randomized Clinical Trial. *The Journal of the American Medical Association,*;
Frank M. Sacks, et al. (2009). Comparison of Weight-Loss Diets with Different Compositions of Fat, Protein, and Carbohydrates. *New England Journal of Medicine.*

3) KD Hall, et al. (2015). Calorie for Calorie, Dietary Fat Restriction Results in More Body Fat Loss than Carbohydrate Restriction in People with Obesity. *Cell metabolism.*

4) JS Sweeney. (1927). Dietary factors that influence the dextrose tolerance test: a preliminary study. *Archives of Internal Medicine,*;
HP Himsworth. (1935). The dietetic factor determining the glucose tolerance and sensitivity to insulin in healthy men. *Clinical Science,*;
SA Parry, et al. (2017). A single day of excessive dietary fat intake reduces whole-body insulin sensitivity: the metabolic consequence of binge eating. *Nutrients,*;
EÁ Hernández, et al. (2017). Acute dietary fat intake initiates alterations in energy metabolism and insulin resistance. *The Journal of clicical investigation.*

5) M Mazidi, et al. (2019). Lower carbohydrate diets and all-cause and cause-specific mortality: a population-based cohort study and pooling of prospective studies. *European Heart Journal.*

6) 미국 농무부(USDA)와 보건복지부(HHS)가 발표한 〈2015-2020 미국인을 위한 식생활 지침(2015-2020 DIETARY GUIDELINES for americans)〉

7) 박부영 기자, "오후 불식", 〈불교신문〉, 2004.05.05.

8) Alan, Davidson. (2008). The Oxford Companion to Food. *Oxford University Press.*

9) De Cabo, R., & Mattson, M. P. (2019). Effects of Intermittent Fasting on Health, Aging, and Disease. *New England Journal of Medicine 381*(26), pp.2541-2551.

10) 동의보감(東醫寶鑑) 내경편 권1(內景篇卷之一) 신형문(身形門) 선현격언(先賢格言).

11) Osborne, T.B., Mendel, L.B., Ferry, E.L. (1917). The effect of retardation of growth upon the breeding period and duration of life in rats. *Science 45,* pp.294-295.

12) JR Speakman, SE Mitchell. (2011). Caloric restriction. *Molecular aspects of medicine 32*(3), pp.159-221.;
C Van Cauwenberghe, C Vandendriessche, C Libert et al. (2016). Caloric *restriction*: beneficial effects on brain aging and Alzheimer's disease. *Mammalian Genome 27,* pp.300-319.

13) 남문석. (2002). 한국식 초저열량 식이요법의 비만치료효과. *대한내과학회지 62*(3).

14) Sarah Steven1, Kieren G. Hollingsworth1, et al. (2016). Very Low-Calorie Diet and 6 Months of Weight Stability in Type 2 Diabetes: Pathophysiological Changes in Responders and Nonresponders. *Diabetes Care 39*(5), pp.808-815.

15) Joanne L.SlavinPh.D., R.D. (2005). Dietary fiber and body weight. *Nutrition 21* (3), pp.411–418.;
Nancy C. Howarth, M.Sc, Edward Saltzman, M.D., Susan B. Roberts, Ph D. (2001). Dietary Fiber and Weight Regulation. *Nutrition Reviews 59* (5), pp.129 – 139.;
JL Slavin. (2005). Dietary fiber and body weight. *Nutrition 21* (3), pp.411–418.

16) 이정윤 기자, "한국 성인 식이섬유 섭취량 '양호'", 〈의학신문〉, 2020.01.14.

17) Vitamin Supplementation to Prevent Cancer and CVD: Preventive Medication[Website]. (2014.02.15). Retrieved from https://www.uspreventiveservicestaskforce.org/uspstf/document/RecommendationStatementFinal/vitamin–supplementation–to–prevent–cancer–and–cvd–counseling

18) 미국 농무부(USDA)와 보건복지부(HHS)가 발표한 〈2020–2025 미국인을 위한 식생활 지침(2020–2025 DIETARY GUIDELINES for americans)〉

19) Max Wishnofsky. (1958). Caloric equivalents of gained or lost weight. *The American Journal of Clinical Nutrition 6* (5), pp.542 – 546.

20) WC Miller, DM Koceja, EJ Hamilton. (1997). A meta–analysis of the past 25 years of weight loss research using diet, exercise or diet plus exercise intervention. *International Journal of Obesity 21*, pp.941 – 947.

21) 농촌진흥청 국립농업과학원, 제9개정판 국가표준 식품성분표 Ⅰ, p.230.

22) S Sonia, F Witjaksono, R Ridwan. (2015). Effect of cooling of cooked white rice on resistant starch content and glycemic response. *Asia Pacific Journal of Clinical Nutrition 24* (4), pp.620–625.

23) Niels Graudal, Gesche Jürgens, Bo Baslund, Michael H. Alderman. (2014.) Compared With Usual Sodium Intake, Low– and Excessive–Sodium Diets Are Associated With Increased Mortality: A Meta–Analysis. *American Journal of Hypertension 27*, pp.1129 – 1137.

24) Additional Information about High–Intensity Sweeteners Permitted for Use in Food in the United States[Website]. (2018.02.08). Retrieved from https://www.fda.gov/food/food–additives–petitions/additional–information–about–high–intensity–sweeteners–permitted–use–food–united–states

25) Miller PE, Perez V. (2014). Low–calorie sweeteners and body weight and composition: a meta–analysis of randomized controlled trials and prospective cohort studies. *The American Journal of Clinical Nutrition 100* (3), pp.765 – 777.;
Rogers PJ, Hogenkamp PS, de Graaf C, Higgs S, Lluch A, Ness AR, Penfold C, Perry R, Putz P, Yeomans MR, Mela DJ. (2016). Does low–energy sweetener consumption affect energy intake and body weight? A systematic review, including meta–analyses, of the evidence from human and animal studies. *International Journal of Obesity 40* (3), pp.381 – 94.

26) Vasanti S. Malik, Barry M. Popkin, George A. Bray, Jean–Pierre Després, and Frank B. Hu. (2010). Sugar–Sweetened Beverages, Obesity, Type 2 Diabetes Mellitus, and Cardiovascular Disease Risk. *Circulation 121*, pp.1356 – 1364.

27) VS Malik, Y Li, A Pan, L De Koning, E Schernhammer et al. (2019). Long–Term Consumption of Sugar–Sweetened and Artificially Sweetened Beverages and Risk of Mortality in US Adults. *Circulation 139*, pp.2113 – 2125.

28) Sauce, hot chile, sriracha, TUONG OT SRIRACHA[Website]. (2019.04.01). Retrieved from https://fdc.nal.usda.gov/fdc–app.html#/food–details/171188/nutrients

요리하는 한의사의 요요 없는 25kg 감량 레시피

# 다이어트 도마의 맛보장 칼로리컷 레시피

| | |
|---|---|
| 초 판 발 행 일 | 2021년 04월 30일 |
| 발 행 인 | 박영일 |
| 책 임 편 집 | 이해욱 |
| 저 자 | 명형철 |
| 편 집 진 행 | 박소정 |
| 표 지 디 자 인 | 박수영 |
| 편 집 디 자 인 | 신해니 |
| 발 행 처 | 시대인 |
| 공 급 처 | (주)시대고시기획 |
| 출 판 등 록 | 제 10-1521호 |
| 주 소 | 서울시 마포구 큰우물로 75 [도화동 538 성지 B/D] 6F |
| 전 화 | 1600-3600 |
| 팩 스 | 02-701-8823 |
| 홈 페 이 지 | www.sidaegosi.com |
| I S B N | 979-11-254-9607-6[13590] |
| 정 가 | 12,000원 |

시대인은 종합교육그룹 (주)시대고시기획 · 시대교육의 단행본 브랜드입니다.